软件技术系列丛书

普通高等教育"十三五"应用型人才培养规划教材

PHP 应用开发基础

主　编 张书波　徐福平　罗　强

副主编 曹小平　李学国　李宗伟　龙　熠

U0205987

西南交通大学出版社

·成 都·

图书在版编目（ＣＩＰ）数据

PHP 应用开发基础 / 张书波，徐福平，罗强主编. —
成都：西南交通大学出版社，2019.8
（软件技术系列丛书）
普通高等教育"十三五"应用型人才培养规划教材
ISBN 978-7-5643-7125-8

Ⅰ. ①P… Ⅱ. ①张… ②徐… ③罗… Ⅲ. ①PHP 语言
– 程序设计 – 高等学校 – 教材 Ⅳ. ①TP312.8

中国版本图书馆 CIP 数据核字（2019）第 189688 号

软件技术系列丛书
普通高等教育"十三五"应用型人才培养规划教材

PHP Yingyong Kaifa Jichu
PHP 应用开发基础

主　编／张书波　徐福平　罗　强

责任编辑／穆　丰
封面设计／墨创文化

西南交通大学出版社出版发行
（四川省成都市金牛区二环路北一段 111 号西南交通大学创新大厦 21 楼　610031）
发行部电话：028-87600564　028-87600533
网址：http://www.xnjdcbs.com
印刷：四川森林印务有限责任公司

成品尺寸　185 mm×260 mm
印张　15.5　字数　387 千
版次　2019 年 8 月第 1 版　　印次　2019 年 8 月第 1 次

书号　ISBN 978-7-5643-7125-8
定价　39.80 元

前　言

PHP 是一种通用开源脚本程序设计语言，其语法吸收了 C 语言、Java 和 Perl 的特点，利于学习，使用广泛，是目前 Web 开发领域的主流语言之一。

PHP 主要运用于动态网站的开发，如门户网站、电子商务、商城、博客、论坛等都可以用 PHP 程序来实现。PHP 还可以运用混合式开发 App 的方式，将开发领域扩展到移动端开发（如微信小程序，公众号，IOS 等），发展前景非常广阔。

选择本书的意义

本书是针对有一定的 Web 网页（HMTL5+CSS3,JavaScript）基础知识的学习人群的，讲解了如何将这些知识与 PHP 程序相结合，进行动态网站的开发。以阶段案例的形式进行教学，达到学用结合的效果，非常适合作为 PHP 初学者学习用书或作为 PHP 初级开发人员学习参考资料。

参与本书编写的作者们都是具有多年教学经验和实际开发经验的老师，他们把平时教学过程中总结的经验和实际开发过程中遇到的需求进行整合，结合高校 PHP 教学重点要求，在以实践内容为主的前提下，通过讨论后形成了本书的写作思路，并根据此思路来完成教材的编写，方便教学需要。按照"知识讲解+动手实践+阶段案例+课后练习"的方式来安排全书章节内容，并以"案例展示+需求分析+综合案例实践"的方式，将前面各个学习内容进行知识实践化，使读者能够按照实际功能需求进行编程开发，提高对知识的综合应用能力。

本书内容安排

本书共有十一个项目，从开发环境的搭建、PHP 语法基础、函数、流程控制、数组、表单、Web 交互、正则表达式、文件管理、富文本编辑器、PHP 操作 MySQL 等方面进行讲解，并以基本信息管理系统为案例展示 PHP 对数据库的操作、功能的实现以及会话控制等。项目配有部分公共课程的微课视频教学，从而能更好的使学生在教学过程中借助公开课程视频完成课前课后自学。

致谢

本书的整理和校稿工作由西南交通大学出版社穆丰完成，本书的编写工作由张书波统筹规划，制定大纲，并完成项目二、项目六、项目七、项目八的编写、审稿、核验、格式修改；徐福平完成项目三，项目四，项目五的编写；罗强负责编写项目十和视频录制；曹小平完成项目九和大纲指导的编写；李学国参与大纲的制定、文章审稿、格式的修改以及项目二的编写；李宗伟完成项目十一的编写；龙熠完成项目一的编写。全体人员在一年多的编写过程中付出了很多心血，在此一并表示衷心的感谢。

意见反馈

尽管我们在编写过程中力求完美，但疏漏与不足之处仍在所难免，欢迎各界专家和读者朋友们给予宝贵的意见，我们将不胜感激。你在阅读本书时，如发现有任何问题或是有不认同之处可以通过电子邮件与我们取得联系。如果你在使用本书中需要一些资源也可以通过 QQ 与我联系。

问题建议请发送邮件：402912137@qq.com

资源获取请添加 QQ：402912137

编　者
2019 年 4 月

目　录

项目一　PHP 概述与服务器搭建

【学习目标】

（1）熟悉 PHP 语言的特点；
（2）熟悉 PHP 开发环境的搭建；
（3）掌握 Web 服务器的配置。

【能解决的问题】

（1）能掌握 PHP 语言的特点及运用范围；
（2）能完成 PHP 开发环境的搭建；
（3）能完成 Web 服务器的配置；
（4）能运用专业的开发工具完成 PHP 语言编程。

模块一　PHP 概况

超文本预处理器（Hypertext Preprocessor）是一种开源的通用计算机脚本语言，尤其适用于网络开发并可嵌入 HTML 中使用。PHP 的语法借鉴吸收 C 语言、Java 和 Perl 等流行计算机语言的特点，易于一般程序员学习。PHP 的主要目标是允许网络开发人员快速编写动态页面，但也被用于其他很多领域。

PHP 是全球网站使用最多的脚本语言之一，全球前 100 万个网站中，有超过 70%的网站是使用 PHP 开发的，表 1-1 中列举了国内外大型网站使用的开发语言。

表 1-1　国内外大型网站使用的开发语言

网　站	语　言	网　站	语　言
新　浪	PHP/JAVA	猫　扑	PHP/JAVA
雅　虎	PHP	赶集网	PHP
网　易	PHP/JAVA	百　度	PHP/JAVA/C/C++
谷　歌	PHP/Python/JAVA	脸　书	PHP/JAVA/C++
腾　讯	PHP/JAVA	阿里巴巴	PHP/JAVA
搜　狐	PHP/JAVA	淘宝网	PHP/JAVA

从表 1-1 中可以看出，这些知名大型网站都使用了 PHP 作为其开发的脚本语言之一，可见 PHP 的应用非常广泛。那么，PHP 是从何而来的呢？

PHP 最初为 Personal Home Page 的缩写，表示个人主页，于 1994 年由 Rasmus Lerdorf 创建。程序最初用来显示 Rasmus Lerdorf 的个人履历以及统计网页流量，后来又用 C 语言重新编写，并支持访问数据库。他将这些程序和一些表单解释器（Form Interpreter）整合起来，称为 PHP/FI。

从最初的 PHP/FI 到现在的 PHP5、PHP7，经过了多次重新编写和改进，PHP 发展十分迅猛，与 Linux、Apache 和 MySQL 一起共同组成了一个强大的 Web 应用程序平台，简称 LAMP。随着开源潮流的蓬勃发展，开放源代码的 LAMP 已经与 JavaEE 和.NET 形成三足鼎立之势，并且使用 LAMP 开发的项目在软件方面的投资成本较低，受到整个 IT 行业的关注。

任务一　PHP 有什么优势

PHP 入门门槛较低，易于学习，使用广泛，主要适用于 Web 开发领域。PHP 的文件后缀名为 php。下面介绍 PHP 的四大特性与八大优势。

PHP 语言的四大特性包括：

（1）PHP 混合了 C、Java、Perl 以及 PHP 自创的语法，具有独特性。

（2）PHP 可以比 CGI 或者 Perl 更快速地执行动态网页，与其他的编程语言相比，PHP 是将程序嵌入到 HTML 文档中执行，执行效率比完全生成 HTML 标记的 CGI 要高许多；PHP 具有非常强大的功能，CGI 的所有功能通过 PHP 都能实现。

（3）PHP 支持几乎所有流行的数据库以及操作系统。

（4）PHP 还可以用 C、C++进行程序的扩展。

PHP 语言的八大优势包括：

（1）开放源代码。所有的 PHP 源代码都可以得到。

（2）免费性。PHP 和其他技术相比，PHP 本身免费且是开源代码。

（3）快捷性。程序开发快，运行快，技术本身学习快。因为 PHP 可以被嵌入 HTML 语言，所以它相对于其他语言编辑简单、实用性强，更适合初学者。

（4）跨平台性强。由于 PHP 是运行在服务器端的脚本，可以运行在 Unix、Linux、Windows、Mac OS 等操作系统环境中。

（5）效率高。PHP 消耗相当少的系统资源。

（6）图像处理。用 PHP 动态创建图像,PHP 图像处理默认使用 GD2 库，也可以配置为使用 ImageMagick 进行图像处理。

（7）面向对象。在 PHP4，PHP5 中，面向对象方面都有了很大的改进，PHP 完全可以用来开发大型商业程序。

（8）专业专注。PHP 以支持脚本语言为主，同为类 C 语言。

任务二　PHP 可以应用到哪些领域

PHP 程序员认为 PHP 能实现任何功能，其实 PHP 主要的应用是通过与数据库交互来开发 Web 应用。而数据库中 MySQL 是目前公认和 PHP 兼容性好，也是用得最多的组合。简单说来，PHP 就是实现前端网页与后台数据库之间操作、调用、信息交互的功能。

PHP 脚本主要用于以下三个领域：

一、服务端脚本

这是 PHP 传统,也是主要的目标领域。开展这项工作需要具备以下三点:PHP 解析器(CGI

或者服务器模块）、Web 服务器和 Web 浏览器。需要在运行 Web 服务器时，安装并配置 PHP，然后可以用 Web 浏览器来访问 PHP 程序的输出，即浏览服务端的 PHP 页面。如果只是进行 PHP 编程，所有的这些都可以运行在个人计算机（PC）。

二、命令行脚本

可以编写一段 PHP 脚本，并且不需要任何服务器或者浏览器来运行它。通过这种方式，只需要 PHP 解析器来执行。这种用法对于依赖 Cron(Unix 或者 Linux 环境)或者 TaskScheduler（ Windows 环境)的日常运行的脚本来说是理想的选择。这些脚本也可以用来处理简单的文本。

三、编写桌面应用程序

对于有着图形界面的桌面应用程序来说，PHP 或许不是一种好的语言，但是如果用户非常精通 PHP，并且希望在客户端应用程序中使用 PHP 的一些特性，可以利用 PHP-GTK 来编写这些程序。用这种方法，还可以编写跨平台的应用程序。PHP-GTK 是 PHP 的一个扩展，在通常发布的 PHP 包中并不包含它。

随着 PHP 语言面向对象功能的实现，到了 PHP5 版本后出现了框架技术，当框架技术出现后，基于 PHP 的产品逐渐多了起来，其应用领域如图 1-1 所示。

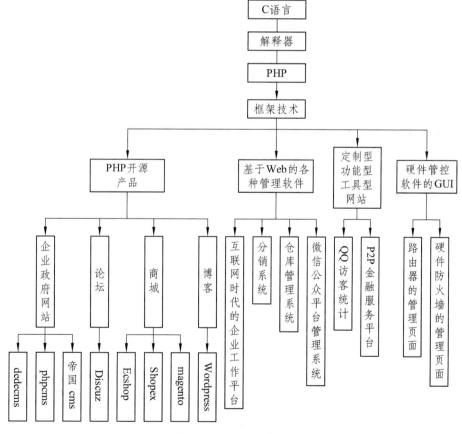

图 1-1　PHP 应用领域

任务三　PHP 新特性有哪些

在之前的 PHP 版本中，必须使用静态值来定义常量、声明属性以及指定函数参数默认值。而现在可以使用包括数值、字符串字面量以及其他常量在内的数值表达式来定义常量、声明属性以及设置函数参数默认值。

一、标量参数类型声明

现在支持字符串（string）、整型（int）、浮点数（float）及布尔型（bool）参数声明，以前只支持类名、接口、数组及 Callable 类型。具有两种风格：强制转换模式（默认）与严格模式。标量参数类型声明如图 1-2 所示。

```php
<?php
// Coercive mode
function sumOfInts(int ...$ints)
{
    return array_sum($ints);
}

var_dump(sumOfInts(2, '3', 4.1));
```

图 1-2　标量参数类型声明

二、返回类型声明

返回类型声明如图 1-3 所示。

```php
<?php
function arraysSum(array ...$arrays): array
{
  return array_map(function(array $array): int {
    return array_sum($array);
  }, $arrays);
}

print_r(arraysSum([1,2,3], [4,5,6], [7,8,9]));
```

图 1-3　返回类型声明

三、??运算符

??运算符用于替代需要 isset 的场合，这是一个语法糖，如图 1-4 所示。

```php
<?php
// Fetches the value of $_GET['user'] and returns 'nobody'
// if it does not exist.
$username = $_GET['user'] ?? 'nobody';
// This is equivalent to:
$username = isset($_GET['user']) ? $_GET['user'] : 'nobody';

// Coalescing can be chained: this will return the first
// defined value out of $_GET['user'], $_POST['user'], and
// 'nobody'.
$username = $_GET['user'] ?? $_POST['user'] ?? 'nobody';
```

图 1-4　运算符

四、<=>比较运算符

就是比较两个表达式值的大小，有三种关系："="回 0、"<"返回-1、">"返回 1。如图 1-5 所示。

```php
<?php
// Integers
echo 1 <=> 1; // 0
echo 1 <=> 2; // -1
echo 2 <=> 1; // 1

// Floats
echo 1.5 <=> 1.5; // 0
echo 1.5 <=> 2.5; // -1
echo 2.5 <=> 1.5; // 1

// Strings
echo "a" <=> "a"; // 0
echo "a" <=> "b"; // -1
echo "b" <=> "a"; // 1
```

图 1-5　比较运算符

五、define 支持定义数组类型的值

PHP 5.6 已经支持 CONST 语法定义数组类的常量，PHP7 中支持 define 语法，如图 1-6 所示。

```php
<?php
define('ANIMALS', [
    'dog',
    'cat',
    'bird'
]);

echo ANIMALS[1]; // outputs "cat"
```

图 1-6　定义组数据类型值

六、匿名类

匿名类用法如图 1-7 所示。

```php
<?php
interface Logger {
    public function log(string $msg);
}

class Application {
    private $logger;

    public function getLogger(): Logger {
        return $this->logger;
    }

    public function setLogger(Logger $logger) {
        $this->logger = $logger;
    }
}

$app = new Application;
$app->setLogger(new class implements Logger {
    public function log(string $msg) {
        echo $msg;
    }
});

var_dump($app->getLogger());
```

图 1-7　匿名类

模块二　PHP 程序工作流程

任务一　Web 浏览器介绍

网页浏览器（Web Browser），是显示网站服务器或文件系统内的文件并让用户与这些文件交互的一种应用软件。它用来显示在万维网（WWW）或局域网内的文字、图像及其他信息。

目前，使用广泛的网页浏览器主要有微软的 Internet Explorer（简称 IE）、360 公司的 360 浏览器、腾讯公司的 QQ 浏览器、苹果公司的 Safari（苹果浏览器）、Mozilla 的 Firefox（火狐浏览器 FF）等。

PHP 是非常适合 Web 开发的一种编程语言，在学习 PHP 之前，首先了解一下什么是 Web 技术。Web 在计算机领域中称为网页，它是一个由很多互相链接的超文本文件组成的系统。在这个系统中，每个有用的文件都称为"资源"，并且由一个"通用资源标识符"（URI）进行定位，这些资源通过超文本传输协议（Hyper Text Transfer Protocol，HTTP）传送给用户，用户单击链接即可获得资源。

除此之外,在 Web 开发中还会涉及一些非常基本而又相对重要的知识,如软件架构、UTL、HTTP 等。下面将分别对其进行讲解。

一、B/S 和 C/S 架构

在进行软件开发时,会有两种基本架构,即 C/S 架构和 B/S 架构。C/S 架构,即 Client/Server(客户机/服务器)架构,是大家熟知的软件系统体系结构,通过将任务合理分配到 Client 端和 Server 端,降低了系统的通信开销,并可以充分利用两端硬件环境的优势。B/S 架构,即 Browser/Server(浏览器/服务器)架构,是随着 Internet(互联网)技术的兴起,对 C/S 架构的一种变化或者改进的结构。在这种结构下,用户界面完全通过 WWW 浏览器实现。两种架构如图 1-8 所示。

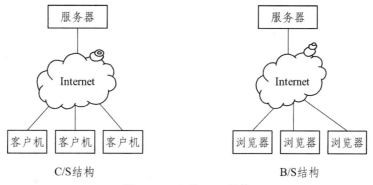

图 1-8　B/S 和 C/S 架构

PHP 运行于服务器端,既可以在 C/S 架构中为客户端软件提供服务器接口,又可以作为 B/S 构架来搭建动态网站。

二、网页、网站和主页的概念

网页是网站的基本信息单位,是 WWW 的基本文档。它由文字、图片、动画、声音等多种媒体信息以及链接组成,是用 HTML 编写的、可在 WWW 上传输、能被浏览器识别显示的文本文件。其扩展名是.htm 和.html。

网站由众多不同内容的网页构成,网页的内容可体现网站的全部功能。

通常把进入网站首先看到的网页称为首页或主页(homepage)。

三、URL 的概念

统一资源定位符(Uniform Resource Locator,URL)也被称为网页地址,是因特网上标准的资源地址,是用于完整地描述 Internet 上网页和其他资源的地址的一种标识方法。

Internet 上的每一个网页都具有一个唯一的名称标识,通常称之为 URL 地址,这种地址可以是本地磁盘,也可以是局域网上的某一台计算机,更多的是 Internet 上的站点。简单地说,URL 就是 Web 地址,俗称"网址"。

URL 的一般形式是:

<通信协议>://<主机名>:<端口>/<路径>/<文件名>

例如:http://www.tsinghua.edu.cn/publish/th/index.html

四、HTTP 协议

HTTP 协议（HyperText Transfer Protocol，超文本传输协议）是用于从 WWW 服务器传输超文本到本地浏览器的传送协议。浏览器与 Web 服务器之间的数据交互需遵守的一些规范，HTTP 就是其中的一种规范，它由 W3C 组织推出，专门用于定义浏览器与 Web 服务器之间数据交换到格式。HTTP 在 Web 开发中大量应用。

任务二　HTML 回顾

一、初识 HTML

HTML（HyperText Markup Language，超文本标记语言），是一种专门用于创建 Web 超文本文档的编程语言，它能告诉 Web 浏览程序如何显示 Web 文档（即网页）的信息，以及如何链接各种信息。

标记语言是一种基于源代码解释的访问方式，代码由许多元素组成，而前台浏览器通过解释这些元素显示各种样式的文档。换句话说，浏览器就是把纯文本的后台源文件以赋有样式定义的超文本文件方式显示出来。但它并不是一种程序语言（像 C 语言是编译语言，需要经过编译才能运行），而是一种结构语言，不需要额外的软件进行编译，可以直接使用任何文本编辑器进行编写开发，只要有相应的浏览器程序就可以执行。

二、基本概念

1. 标签

在 HTML 中用于描述功能的符号称为"标签"，用尖括号"< >"括起来，需要记住的是，标签有双标签和单标签之分。

2. 属性

属性是为 HTML 标签提供更多的相关信息，对标签的内容进行更详细的控制。

属性和标签一样，并没有大小写的区分，一个开始标签后面可以加上多个属性，各属性之间没有先后顺序。而添加的属性都有一个属性值，值的选取必须是合法的，并且参数值最好加上引号。格式是：<标记名　属性="属性值"…>

3. 注释

HTML 语言和其他程序语言一样，也有注释语句，可以放在任何地方，不会显示到浏览器中，仅供编写人员阅读方便，格式是：<!-- 注释语句 -- >。

三、HTML 的语法结构

HTML 文件必须以<html>标记开头，并以</html>标记结束，表明该文件为 HTML 超文本文件。一个完整的 HTML 文档分为文档头和文档体两部分。文档头部信息包含在<head>与</head>之间，比如标题、导入样式表等信息；文档体包含在<body>和</body>标记之间，是网页的主体部分。<html>和</html>标记将头和文档体包含在其内。例如，创建一个简单但较完整的文件名为 2_1.html 的 HTML 文件，文件内容如下：

行号	代码
1	`<html>`
2	`<head>`
3	`<title>网页标题</title>`
4	`</head>`
5	`<body>`
6	`<p>让我们共同学习 php！</p>`
7	`</body>`
8	`</html>`

（1）html 标签：用来识别文档类型，表示这对标签之间的内容是 HTML 文档。

（2）head 标签：位于文件的起始部分，它包含一些文件的相关信息，如作者，搜索关键字等。其中最常用的标签是标题标签，它的格式是`<title>网页标题</title>`，该标签一定要放在`<head>……</head>`标签内。

（3）body 标签：用来指定文档的主体内容，内容可以是文本、图像、动画、链接、音频视频等，都要放在这对标签之间。

四、HTML 的语法规则

（1）HTML 文件必须以纯文本形式存放，扩展名为.html 或.htm，若是 Unix 操作系统，扩展名必须是.html。

（2）HTML 文件中所有标记要用尖括号 "<>" 括起来。

（3）HTML 标签和属性都不区分大小写。

（4）大多数 HTML 标签可以嵌套，但不能交叉。

（5）HTML 文档一行可以书写多个标签，一个标签也可以分多行书写，不用任何续行符号，标点符号全部在英文状态下书写。

（6）HTML 源文件中的换行、回车符和多个连续空格在浏览时都是无效的。

（7）网页中所有显示内容都应该受限于一个或多个标签，不能有游离于标签之外的文字或图像等，以免产生错误。

五、创建网页文件

创建网页文件时可以使用以下两种方法：

1. 使用文本文档编写

首先在文件夹中创建文本文件，其次写入相关代码并保存，最后将文件的扩展名改为.html。

2. 使用 Dreamweaver

第一步：启动 Dreamweaver（软件可在相关网站下载，建议使用 CS3 以上版本）。

第二步：单击 "文件" → "新建" 命令，弹出如图 1-9 所示的对话，页面类型选择 "HTML"，布局选择 "无"，文档类型选择 "无"，单击 "创建" 按钮。

第三步：修改代码并保存。

使用浏览器查看 2_1.html 页面效果如图 1-10 所示（扩展名为.html 的静态网页可以双击打开）。使用默认浏览器浏览，也可以在 Dreamweaver 中使用预览在"IExplore 命令进行浏览"。

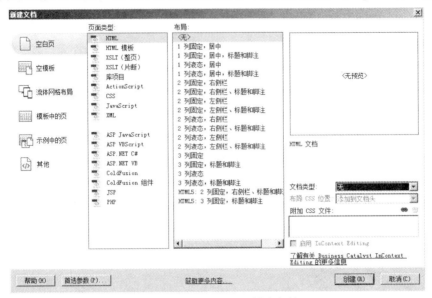

图 1-9　Dreamweaver 新建文档

图 1-10　页面浏览效果

任务三　PHP 预处理器介绍

PHP 预处理器的功能是解释 PHP 代码，它主要是将 PHP 程序代码解释为文本信息，而且这些文本信息中也可以包含 HTML 代码。

用 PHP 做出的动态页面与其他的编程语言相比，PHP 是将程序嵌入到 HTML（标准通用标记语言下的一个应用）文档中去执行，执行效率比完全生成 HTML 标记的 CGI 要高许多；PHP 还可以执行编译后的代码，编译可以达到加密和优化代码运行的效果，使代码运行更快。

在学习之前了解一下 PHP 及其功能：

（1）在服务器端运行，Web 网站的大部分数据都是存储在服务器端的，PHP 就是用来处理这些存储在服务器端的数据的。

（2）可以在多个平台运行，比如 Linux、Windows、Unix 等。

（3）它是一种脚本语言，通过编写脚本来指挥服务器工作。

（4）不支持 IE9 版本以下的浏览器。

任务四　Web 服务器介绍

Web 服务器也称为 WWW（World Wide Web）服务器，它的功能是解析 HTTP 请求并返回处理结果。当 Web 浏览器向 Web 服务器发送一个 HTTP 请求时，PHP 预处理器会对该请求对应的程序进行解释并执行，然后 Web 服务器会向浏览器返回一个 HTTP 响应，该响应通常是一个 HTML 页面，以便让用户可以浏览。

目前可用的 Web 服务器有很多，常见的有开源的 Apache 服务器、微软的 IIS 服务器、Tomcat 服务器等。本书使用的是 Apache 服务器，由于 Apache 具有高效、稳定、安全、免费等一些特点，它已经成为目前最为流行的 Web 服务器。

任务五　数据库服务器介绍

数据库服务器是用于提供数据查询和数据管理等服务的软件，这些服务主要有数据查询、数据管理（数据的添加、修改、删除）、查询优化、事务管理、数据安全等。数据库服务器有多种，常见的有 MySQL、Oracle、SQL Server、DB2、Sybase、Access 等。本书使用的是 MySQL 数据库，由于 MySQL 具有功能性强、使用简捷、管理方便、运行速度快、版本升级快、安全性高等优点，而且 MySQL 数据库完全免费，因此许多中小型网站都选择 MySQL 作为数据库服务器。

用户在使用不同的操作系统时，可以选择的网站服务器数据库也各自有所不同，以下将简要介绍这几种数据库的特点和使用方法。

一、SQL Serve

仅能用于 Windows 环境下，是企业级数据库，具备完全的 Web 支持，提供了对可扩展标识语言（XML）的核心支持，结合了分析、报表、集成和通知功能，以及具备在 Internet 上和防火墙外进行查询的能力。

特点：

（1）图形化的用户界面，使系统的管理更加直观和简单。

（2）丰富的编程接口，为用户进行应用程序设计提供了更大的选择余地。

（3）对 Web 技术的支持，使用户能够很容易地将数据库中的数据发布到网上。

（4）具有易用性和兼容性，是 Windows 环境商业应用的首选数据库。

二、Access

Access 数据库是微软把数据库引擎的图形用户界面和软件开发工具结合在一起的一个数据库管理系统，具有界面友好、操作简单、简单易学、功能强大等特点，适用日常管理工作需要。

用途：

（1）用来进行数据分析：Access 有强大的数据处理、统计分析能力，利用 Access 的查询功能，可以方便地进行各类汇总、平均等统计。

（2）用来开发软件：Access 用来开发软件，比如生产管理、销售管理、库存管理等各类企业管理软件，简单易学，即使用户不懂编程也可以使用。

三、MySQL

MySQL 是一种开放源代码的关系型数据库管理系统，是在 UNIX 或 Linux 服务器上都广泛使用的 Web 数据库系统，也可以运行于 Windows 平台。它是一个多用户、多线程、跨平台的 SQL 数据库系统，同时是具有客户/服务器体系结构的分布式数据库管理系统。

由于不支持事务处理，MySQL 的速度比一些商业数据库快 2 ~ 3 倍，并且 MySQL 还针对很多操作平台做了优化，完全支持多 CPU 系统的多线程方式。在编程方面，MySQL 也提供了 C、C++、Java、Perl、Python 和 TCL 等 API 接口，而且有 MyODBC 接口，任何可以使用 ODBC 接口的语言都可以使用它。

MySQL 在 Linux 下应用较多，Linux+MySQL+PHP 是基于 Linux 的最佳组合。由于属开放源代码自由软件，性价比较高，是中小企业网站、个人网站不错的选择。

以上就是为大家介绍的几种数据库的特点和使用方法，用户可以根据自身情况来选择。

任务六　PHP 程序工作的流程

第一步：在运行 PHP 程序的时候，用户编写的 PHP 代码会传递给服务器中的 PHP 包，而这个 PHP 包的作用是对代码进行解析。

第二步：服务器会根据 PHP 代码的请求读取数据库，这个操作可能是从数据库中查询数据，也可能是对数据进行其他的操作。

第三步：服务器把 PHP 代码解析成普通的 HTML 代码。

第四步：把解析后的 HTML 代码发送给浏览器。

第五步：用户通过访问浏览器就可以浏览到网站的内容。PHP 的工作流程如图 1-11 所示。

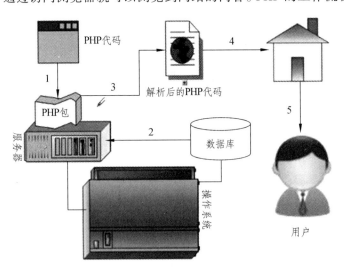

图 1-11　PHP 的工作流程

模块三　PHP 服务器的搭建

任务一　IIS 与 PHP 的安装与测试

IIS 与 PHP 的安装与测试只需要以下步骤：下载 PHP 的文件包；配置 PHP；测试。

一、下载 PHP

（1）在云服务器中下载 PHP 压缩安装包。注意：在 IIS（互联网信息服务）下运行时必须选择 Non Thread Safe（NTS）的 x86 包。若一定要在 Windows Server 32bit（x64）下，PHP 选择 x64，则不能选择 IIS，此时可使用 Apache 作为代替选项。选择类似如下的安装包，如图 1-12 所示。

（2）PHP 5.3 以上版本的安装依赖于 Visual C++ Redistributable Update。需根据下载的 PHP 安装包名，参考表 1-2 所示的对应关系下载并安装 VC Update 安装程序。

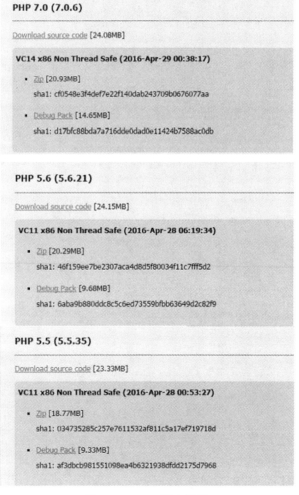

图 1-12　PHP 版本选择

表 1-2　安装 VC Update 程序对应关系

PHP 安装包名	Visual C++ Redistributable 安装包下载地址
php-x.x.x.-nts-Win32-VC14-x86.zip	https://www.microsoft.com/zh-cn/download/details.aspx?id=48145
php-x.x.x.-nts-Win32-VC11-x86.zip	https://www.microsoft.com/zh-cn/download/details.aspx?id=30679
php-x.x.x.-nts-Win32-VC9-x86.zip	https://www.microsoft.com/zh-cn/download/details.aspx?id=5582

比如下载的 PHP 安装包为 php-7.0.6-nts-Win32-VC14-x86.zip，则按表格第一行对应关系下载 VS 2015 版本的安装包，下载并安装如下两个.exe 格式文件，如图 1-13 所示。

图 1-13　选择下载程序

二、安装配置

（1）将 PHP 压缩安装包解压（本例解压至 C:\PHP），复制 php.ini-production 并改名为 php.ini，如图 1-14 所示。

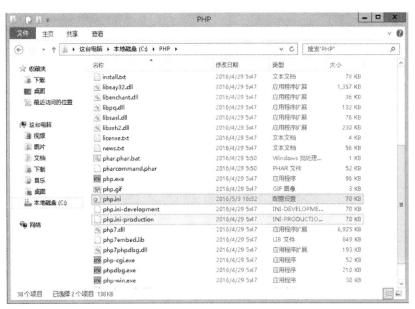

图 1-14　修改 php.ini

（2）单击"服务器管理器"→"IIS"，在本地 IIS 上右键单击选择 IIS 管理器，如图 1-15 所示。

（3）单击左侧 主机名（IP）来到主页，双击"处理程序映射"，如图 1-16 所示。

（4）单击右侧"添加模块映射"按钮，在弹出框中填写信息并单击"确定"按钮保存，如图 1-17 所示。

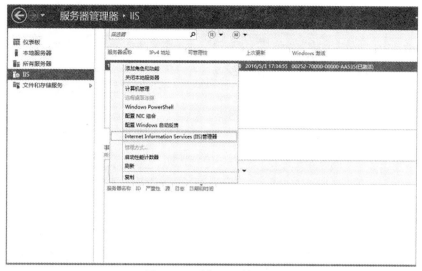

图 1-15　选择 IIS 管理器

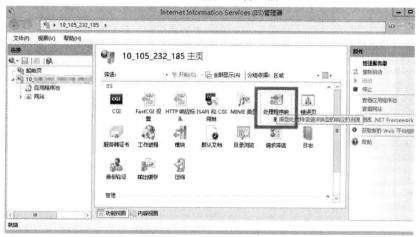

图 1-16　打开处理程序映射

图 1-17　添加模块映射

（5）若可执行文件项选择不了 php-cgi.exe，请将文件后缀变为.exe，如图 1-18 所示。

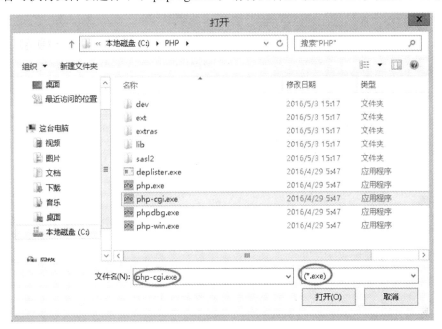

图 1-18　选择 php-cgi.exe 文件

（6）单击左侧主机名（IP）回到主页，双击"默认文档"，如图 1-19 所示。

图 1-19　打开默认文档

（7）单击右侧"添加"按钮，添加名称为 index.php 的默认文档，如图 1-20 所示。

（8）单击左侧主机名（IP）回到主页，"FastCGI 设置"，如图 1-21 所示。

（9）单击右侧"编辑"按钮，在"监视对文件所做的更改"中选择 php.ini 路径，如图 1-22 所示。

（10）在 C:\inetpub\wwwroot 目录下创建一个 PHP 文件 index.php，写入如图 1-23 所示内容。

图 1-20　添加默认文档

图 1-21　FastCGI 设置

图 1-22　选择 php.ini 路径

```
1  <?php
2    phpinfo();
3  ?>
```

图 1-23　PHP 文件

三、测试

在云服务器打开浏览器访问 http://localhost/index.php ，查看环境配置是否成功。如果页面可以显示，说明配置成功。页面内容如图 1-24 所示。

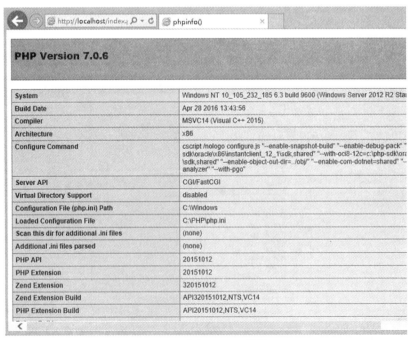

图 1-24　测试 PHP 配置情况

任务二　Apache 和 PHP 的安装与测试

在使用 PHP 语言开发程序之前，需要在系统中搭建开发环境。在通常情况下，开发人员使用的都是 Windows 平台，在 Windows 平台上搭建 PHP 环境需要安装 Apache 服务器和 PHP 软件。安装方式有集成安装和自定义安装两种，采用集成安装的方式非常简单，但不利于学习，所以本节内容以自定义安装为例，讲解如何搭建 PHP 开发环境。

一、Apache 的安装

Apache HTTP Server 是 Apache 软件基金会发布的一款 Web 服务器软件，由于其开源、跨平台和安全性的特点被广泛运用。目前 Apache 有 2.2 和 2.4 两个版本，本书以 Apache2.4 为例，讲解 Apache 软件的安装步骤。

1. 获取 Apache

在 Apache 官方网站（https://httpd.Apache.org）上提供了软件源代码的下载，但是没有提供编译后的软件下载。可以从 Apache 公布的其他网站中获取编译后的软件。以 Apache Lounge 网站为例，该网站提供了 VC11、VC14 等版本的软件下载，如图 1-25 所示。

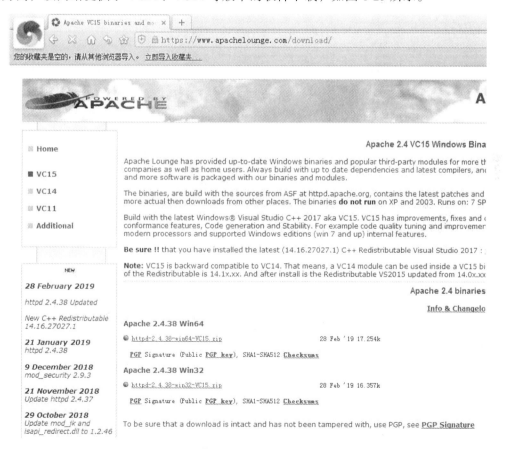

图 1-25　从 Apache Lounge 获取软件

在网站中找到 httpd-2.4.38-win64-VC15.zip 版本进行下载即可。由于版本仍然在更新，通常读者选择 2.4X 的更新版本并不会影响到学习。VC15 是指该软件使用 Microsoft Visual C++2015 运行编译，在安装 Apache 前需要先在 Windows 系统中安装此运行库。目前最新版本的 Apache 已经不支持 XP 系统，XP 用户可以选择 VC9 编译旧版本 Apache 使用。

2. 解压文件

创建目录"C:\web\Apache24"作为获取 Apache 的安装目录，然后打开"httpd-2.4.38-win64-VC15.zip"压缩包，将里面的"Apache2.4"目录中的文件解压到安装目录下，如图 1-26 所示。

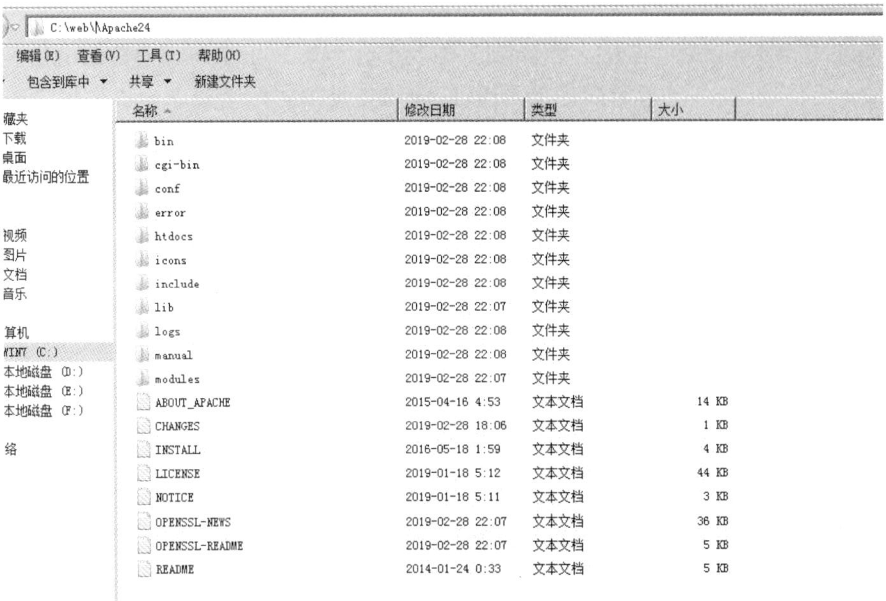

图 1-26　Apache 安装目录

在图 1-26 中，conf 和 htdocs 是需要重点关注的两个目录，当 Apache 服务器启动后，通过浏览器访问本机时，就会看到 htdocs 目录中的网页文档。Conf 目录是 Apache 服务器的配置目录，保存了主配置文件 httpd.conf 和 extra 目录下的若干个辅配置文件。默认情况下，辅配置文件是不开启的。

3. 配置 Apache

（1）配置安装路径。将 Apache 解压后，需要配置安装路径才可以使用。使用 Notepad++ 编辑器打开 Apache 的配置文件"conf\httpd.conf"，执行文本替换，将原来的"c:/ Apache24"全部替换为"c:/ web/Apache24"，如图 1-27 所示。

（2）配置服务器域名。在安装步骤中，服务器域名的配置并不是必需的，但若没有配置域名，在安装 Apache 服务时会出现提示。下面介绍如何进行服务器域名的配置：

搜索"servername"，找到下面一行配置：

servername www.example.com:80

上述代码开头的"#"表示该行是注释文本，应删去"#"使其生效，如下所示：

servername www.example.com:80

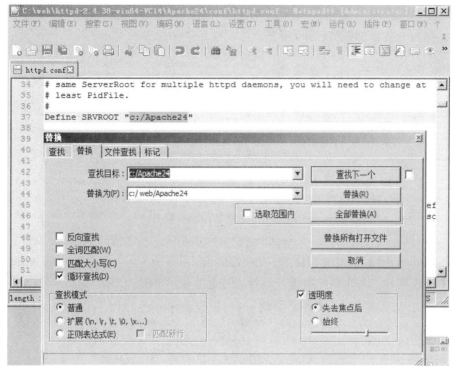

图 1-27　修改配置文件

4. 安装 Apache

Apache 的安装是指将 Apache 安装为 Windows 系统的服务项，可以通过 Apache 的服务程序"bin\httpd.exe"来进行安装，具体安装步骤如下：

（1）执行"开始"菜单→"所有程序"→"附件"，找到"命令提示符"并单击鼠标右键，在弹出的快捷菜单中选择"以管理员身份运行"方式，启动命令行窗口。

（2）在命令模式中切换到 Apache 安装目录下的 bin 目录：

cd c:\web\apache2.4\bin

（3）输入以下命令开始安装：

Httpd.exe　–k　install

上述步骤执行后，安装成功的效果如图 1-28 所示。

图 1-28　通过命令行安装 Apache 服务

从图 1-28 可以看出，Apache 安装服务名称 "apache2.4" 在系统服务中不能重复，否则会安装失败。另外，如需卸载 Apache 服务，可以使用 "httpd.exe –k uninstall" 命令进行卸载。

5. 启动 Apache 服务

Apache 安装成功后，就可以作为 Windows 的服务项进行启动或关闭了。有两种方式可以管理 Apache 服务，接下来依次进行介绍。

方式一：通过命令行管理 Apache 服务。

以管理员身份运行命令行，执行如下命令可进行管理：

net start Apache2.4　　　#启动 "Apache2.4" 服务

net stop Apache2.4　　　#停止 "Apache2.4" 服务

方式二：通过 Apache Service Monitor 管理 Apache 服务。

Apache 提供了服务监视工具 "Apache Service Monitor" 用于管理 Apache 服务，程序位于 "bin\ApacheMonitor.exe"。打开程序后，在 Windows 系统任务栏右下角会出现 Apache 的小图标管理工具，在图标上单击鼠标左键可以弹出控制菜单。单击 "Start" 即可启动 Apache 服务，当小图标由红色变成绿色时，表示启动成功。

6. 访问测试

通过浏览器访问本机站点 "http://localhost"，显示的 "It works!" 是 Apache 默认站点下的首页，即 "htdocs\index.html" 这个网页的显示结果。大家也可以将其他网页放到 "htdocs" 目录下，然后通过 "http://localhost/网页文件名" 进行访问。

任务三　Windows 下 MySQL 的安装与运行

MySQL 是一款优秀的关系型数据库系统（数学模型基于关系代数），以其优秀的性能和开放源代码的许可而被广泛使用。MySQL 采用 C/S 架构，其服务端逻辑结构如图 1-29 所示。当我们安装好了 MySQL 的服务端并启动后，就可以通过各种类型的客户端进行连接，从而进行数据的管理工作。

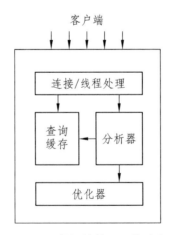

图 1-29　数据的管理工作流程

一、下载安装包

打开 MySQL 官网下载页面 http://dev.mysql.com/downloads/mysql/，选择相应的版本和平台进行下载，如图 1-30 所示。

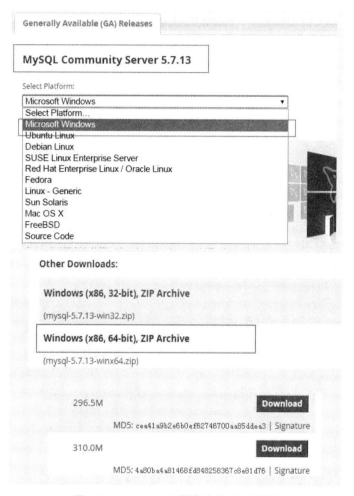

图 1-30　MySQL 下载版本和平台选择

这里选择的是 5.7.13 版本 64 位的压缩包，文件有 310 MB。点击 "Download" 进入下载页面，下载并解压到相应的目录，统一放在 C:\wamp-all，解压后将文件夹改名字为 mysql-5.7.13，所有的 MySQL 解压文件都在 C:\wamp-all\mysql-5.7.13 目录下了。

二、MySQL 配置

打开刚刚解压的文件夹 C:\wamp-all\mysql-5.7.13，发现里面有 my-default.ini 配置文件，这是默认的配置文件，复制并改名为 my.ini。

编辑 my.ini 文件，配置以下基本信息：

[mysql] # 设置 MySQL

客户端默认字符集 default-character-set=utf8 [mysqld] #

设置 3306 端口

port = 3306 #

设置 MySQL 的安装目录 basedir=C:\wamp-all\mysql-5.7.13 #

设置 MySQL 数据库的数据的存放目录 datadir=C:\wamp-all\sqldata #

允许最大连接数 max_connections=20 #

服务端使用的字符集默认为 8 比特编码的 latin1 字符集 character-set-server=utf8 #

创建新表时将使用的默认存储引擎 default-storage-engine=INNODB

模块四　常用的开发工具介绍

任务一　Dreamweaver CS6、Sublime Text3、Visual Studio Code

一、Dreamweaver CS6 介绍

Dreamweaver CS6 是世界顶级软件厂商 Adobe 推出的一套拥有可视化编辑界面、用于制作并编辑网站和移动应用程序的网页设计软件。由于它支持通过代码、拆分、设计、实时视图等多种方式来创作、编写和修改网页（通常是标准通用标记语言下的一个应用 HTML），对于初级人员来说，可以无须编写任何代码就能快速创建 Web 页面。

二、Sublime Text3 介绍

Sublime Text3 中文版是一款跨平台代码编辑器（Code Editor）软件。Sublime Text3 既可以编写代码，还可以编辑文本，是程序员必不可少的工具。相比之前的版本，Sublime Text 有了很大的改进，支持代码补全、代码折叠、自定义皮肤等功能，同时支持多种语言和多种操作系统。

三、Visual Studio Code 介绍

Visual Studio Code （VS Code）是一个针对编写现代 Web 和云应用的跨平台源代码编辑器，它开源免费，通过安装开发语言相关的插件，可以让 VS Code 实现相应的语法识别和代码提示，目前拓展商店已经提供了大多数编程语言的插件，可以随便下载，常用有 Script、JScript、EScript，以及包括 PHP，Python 等其他语言。

任务二　Chrome 的调试工具介绍

Chrome 浏览器不仅可以调试页面、JS、请求、资源、Cookie，还可以模拟手机进行调试等，为开发者提供了很多方便。Chrome 浏览器作为程序员的标配，在页面加载性能和调试方便有着优秀的表现，下面介绍 Chrome 开发者工具面板功能。

Chrome 浏览器工具面板主要包含 Elements 面板、Console 面板、Sources 面板、Network 面板、Performance 面板、Memory 面板、Application 面板、Security 面板、Audits 面板等（点击键盘 "F12" 即可调取开发者工具面板）。

一、Elements 面板

可以查找网页源代码 HTML 中的节点，可以实时编辑标签属性，鼠标选中的 DOM 会在页面中显示标签名和 margin、padding、width、height 等属性。也可以修改页面中的样式属性，且能在浏览器里面实时得到反馈，调试前端代码非常方便。

二、Console 面板

可以记录开发过程中的日志信息，也可以作为与 JS 进行交互的命令行 Shell（执行 JS 代码），也可以进行数学运算。

三、Sources 面板

可以设置断点调试，如果当前代码经过压缩，可以点击下方的花括号{}来增强可读性。

四、Network 面板

可以看到页面向服务器请求了哪些资源、资源的大小，加载资源花费的时间，以及哪些资源加载失败。此外，还可以查看 HTTP 的请求头，返回内容等（请求、响应、入参、出参）。

五、Performance 面板（原名 Timeline）

它的作用就是记录与分析应用程序运行过程中所产生的活动，更多的是用在性能优化方面。

六、Memory 面板

堆栈快照、JavaScript 函数内存分配、隔离内存泄漏。

七、Application 面板

记录网站加载的所有资源信息，包括存储数据（Local Storage、Session Storage、IndexedDB、Web SQL、Cookies）、缓存数据、字体、图片、脚本、样式表等。

八、Security 面板

可以去调试网页安全和认证等问题，确保用户的网站上实现 HTTPS（判断网页安全性），点击 View Certificate 可以查看证书信息（颁发给、颁发者、证书有效期）。

HTTPS 和 HTTP 的区别主要为以下四点：

（1）HTTPS 协议需要到 CA 申请证书，一般免费证书很少，需要交费。

（2）HTTP 是超文本传输协议，信息是明文传输，HTTPS 则是具有安全性的 SSL 加密传输协议。

（3）HTTP 和 HTTPS 使用的是完全不同的连接方式，用的端口也不一样，前者是 80，后者是 443。

（4）HTTP 的连接很简单，是无状态的；HTTPS 协议是由 SSL+HTTP 协议构建的可进行加密传输、身份认证的网络协议，比 HTTP 协议安全。

九、Audits 面板

对当前网页进行网络利用情况、网页性能方面的诊断，并给出一些优化建议。比如列出所有没有用到的 CSS 文件等。

选中"Network Utilization""Web Page Performance"，点击"Run"按钮，将会对当前页面进行网络利用率和页面的性能优化作出诊断，并给出相应的优化建议。

模块五　第一个 PHP 程序

任务一　创建 PHP 程序

在 Web 服务器根目录（DOCUMENT_ROOT）下建立一个文件，名为 hello.php，然后完成如图 1-31 所示内容。

```
<html>
 <head>
  <title>PHP 测试</title>
 </head>
 <body>
 <?php echo '<p>Hello World</p>'; ?>
 </body>
</html>
```

图 1-31　hello.php 显示内容

在浏览器的地址栏里输入 Web 服务器的 URL 访问这个文件，在结尾加上/hello.php。如果是本地开发，那么这个 URL 一般是 http://localhost/hello.php 或者 http://127.0.0.1/hello.php，当然这取决于 Web 服务器的设置。如果所有的设置都正确，那么这个文件将被 PHP 解析，浏览器中将会输出如图 1-32 所示的结果：

```
<html>
 <head>
  <title>PHP 测试</title>
 </head>
 <body>
 <p>Hello World</p>
 </body>
</html>
```

图 1-32　PHP 解析后显示结果

以上例子的目的是为了显示 PHP 特殊标识符的格式。在这个例子中，用<?php 来表示 PHP 标识符的起始，然后放入 PHP 语句并通过加上一个终止标识符?>来退出 PHP 模式。可以根据自己的需要在 HTML 文件中像这样开启或关闭 PHP 模式。

任务二　在网页中嵌入 PHP 程序

在网页中嵌入 PHP 代码的方法，十分的简单实用，但是对于刚开始接触 PHP 编程语言的新手这就是一个问题。所以这里介绍如何在常规的 HTML 代码中嵌入 PHP 代码。

首先创建一个 hello 脚本，命名为 hello.php，并输入如图 1-33 所示内容。

```
1  <html>
2  <head>
3  <title>PHP Test</title>
4  </head>
5  <body>
6  <?php echo '<p>Hello World</p>'; ?>
7  </body>
8  </html>
```

图 1-33　HTML 中嵌入 PHP 代码

在图 1-33 中，实现了在 PHP 代码中打印 Hello。在 HTML 中编写 PHP 代码需要使用<?php?>标签对。集成 PHP 和 HTML 是非常简单的事情。

我们也可以在 HTML 中编写更复杂的 PHP 代码，如图 1-34 所示。

```
1  <html>
2  <head>PHP HTML Integration</head>
3  <body>
4  <ul> <?php for($i=1;$i<=5;$i++){ ?> <li>Item No <?php echo $i; ?></li> <?php } ?> </ul>
5  </body>
6  </html>
```

图 1-34　集成 PHP 和 HTML 使用

输出结果如图 1-35 所示。

```
1  Item No 1
2  Item No 2
3  Item No 3
4  Item No 4
5  Item No 5
```

图 1-35　输出结果

项目练习

一、选择题（有一个或是多个答案）

1. PHP 主要的特点是（　　　）。

A. 简单易学　　　　　B. 开源免费　　　　C. 跨平台　　　　　　D. 不需要写代码

2. 互联网上 90%以上的服务器端采用的都是 PHP（　　　　）。

A. 60%　　　　　　　B. 70%　　　　　　　C. 80%　　　　　　　D. 90%

3. PHP 运行环境的有哪些？（　　　　）。

A. IIS + PHP　　　　　　　　　　　B. Apache + PHP

C. Nginx + PHP　　　　　　　　　　D. 不需要服务环境直接运行

4. PHP 环境搭建需要准备哪些资源？（　　　　）。

A. 网站根目录站点　　　　　　　　　B. PHP 环境软件安装

C. 图片　　　　　　　　　　　　　　D. 数据库

5. PHP 开发工具的安装与配置有哪些？（　　　　）。

A. Sublime Text3　　　　　　　　　　B. Visual Studio Code

C. PS　　　　　　　　　　　　　　　D. Dreamweaver CS6

6. Sublime Text 分屏查看的快捷键是（　　　　）。

A. Ctrl + Shift + X　　　　　　　　　B. Alt + Shift + 2

C. Alt + Shift +3　　　　　　　　　　D. Ctrl + Shift + D

7. PHP 程序开始的基本语法是（　　　　）。

A. <?php　　　　　　B. <php　　　　　　C. php　　　　　　　D. php?>

8. PHP 输出 hello word!的基本语法是（　　　　）。

A. <?php hello word!

B. <? php echo hello word!

C. <? echo hello word!

D. printf "hello word!"

二、填空题

1. PHP 是一种流行的通用脚本语言，特别适合_____开发。

2. PHP 英文全称_____，中文名_____

3. PHP 国产集成开发环境有_____。

4. phpStudy 软件安装时一般放在_____目录中。

5. PHP 语法中多行注释语句是_____。

6. PHP 语法中结束语句是_____。

项目二　PHP 编程基础

【学习目标】

（1）掌握 PHP 标记、编码规范与注释的应用；

（2）掌握 PHP 常量、变量与数据类型；

（3）掌握 PHP 运算符及运算符的使用规则。

【能解决的问题】

（1）灵活对 PHP 标记、注释功能的运用；

（2）能将 PHP 常量、变量与数据类型知识灵活运用于编程中；

（3）能将 PHP 运算符及运算符的使用规则运用于编程中。

模块一　PHP 标记

使用 PHP 标记，是因为 PHP 是嵌入式脚本语言，它在实际开发中经常会与 HTML 内容混编在一起，所以为了区分其他内容与 PHP 代码，需要使用标记对 PHP 代码进行标识。PHP 共有四种标记风格，下面将逐一介绍。

一、标准标记

```
<?php
Echo "这是标准引用方法"; ?>
```
从上面的代码可以看到，这种方式是用 "<?php" 开始，到用 "?>" 结束的，中间的代码就是 PHP 语言。一般推荐使用这种方式，因为它是不会被服务器禁用的，在 XML，XHTML 中都可以正常使用。

二、脚本标记风格

```
<script language="php">
echo "这是脚本风格的标记";
</script>
```
脚本标记风格是以 "<script …>" 开头，以 "</script>" 结尾。

三、简短标记风格

```
<?
echo "这是简短风格的标记";
```

?>

如果想使用这种标记风格开发 PHP 程序，则必须保证 PHP 配置文件"php.ini"中的"short_open_tag"选项值设置为"on"。

四、ASP 标记风格

```
<%
echo "这是 ASP 风格的标记";
%>
```

如果想使用这种标记风格开发 PHP 程序，则必须保证 PHP 配置文件"php.ini"中的"asp_tags"设置为"on"。

模块二　PHP 编码规范

编码规范是融合了开发人员长时间开发过程中积累出来的经验，形成的一种良好统一的编码风格，这种风格会在团队合作开发或二次开发升级或程序维护中起到事半功倍的效果，它只是一个总结性的说明和介绍，并不是强制要求的。从长远发展来考虑，遵守编码规范是十分必要的。

任务一　书写规范

一、缩进

使用制表符（<Tab>键）缩进，缩进单位为 4 个空格左右。如果开发工具的种类多样，则需要在开发工具中统一设置。

二、大括号{}

有两种大括号放置规则是可以使用的：
（1）将大括号放到关键字的下方、同列。

```
if ($expr)
{
    ...
}
```

（2）首括号与关键词同行，尾括号与关键字同列。

```
if ($expr){
    ...
}
```

两种方式并无太大差别，但多数人都习惯选择第一种方式。

三、关键字、小括号、函数、运算符

不要把小括号和关键字紧贴在一起，要用空格隔开它们。如：
if ($expr){　　//if 和 "(" 之间有一个空格
…
}
小括号和函数要紧贴在一起，以便区分关键字和函数。如：
round($num)　　　　//round 和 "(" 之间没有空格
运算符与两边的变量或表达式要有一个空格（字符连接运算符 "." 除外），如：
while ($boo == true){　　　　　　//$boo 和 "=="，true 和 "==" 之间都有一个空格
　…
}
当代码段较大时，上、下应当加入空白行，两个代码块之间只使用一个空行，禁止使用多行。
尽量不要在 return 返回语句中使用小括号。如：
Return　0;　　　　　　　　//除非必要，不需要使用小括号

任务二　命名规范

就一般约定而言，类、函数和变量的名字应该让代码阅读者能够容易地知道这些代码的作用，避免使用模棱两可的命名。

一、类命名

（1）使用大写字母作为词的分隔，其他的字母均使用小写。
（2）名字的首字母使用大写。
（3）不要使用下划线。
如：Name、SuperMan、BigClassObject。

二、类属性命名

（1）类属性命名应该以字符 "m" 为前缀。
（2）前缀 "m" 后采用与类命名一致的规则。
（3）"m" 总是在名字的开头起修饰作用，就像以 "r" 开头表示引用一样。
如：mValue、mLongString 等。

三、变量命名

（1）所有字母都使用小写。
（2）使用 "_" 作为每个词的分界。
如：$msg_error、$chk_pwd 等。

四、引用变量

引用变量要带有"r"前缀。如：

```
class Example{
    $mExam    = "";
    function SetExam(&$rExam){        …
}
    function &rGetExam(){         …
}
}
```

五、全局变量

全局变量应该带前缀"g"。如：global = $gTest、global = $g。

六、常量/全局常量

常量/全局常量，应该全部使用大写字母，单词之间用"_"来分隔。如：

```
define('DEFAULT_NUM_AVE',50);
define('DEFAULT_NUM_SUM',600);
```

七、静态变量

静态变量应该带前缀"s"。如：

```
static $sStatus = 1;
```

八、函数命名

所有的名称都使用小写字母，多个单词使用"_"来分割。如：

```
function this_good_idear(){
//函数体内容
…
}
```

以上的各种命名规则，可以组合一起来使用。如：

```
class OtherExample{
$msValue = "";                //该参数既是类属性，又是静态变量
}
```

模块三　代码注释的运用

正确灵活地运用代码注释和说明功能，是程序开发中不可缺少的一个重要元素。注释运

用得当可以提高程序的可读性，还有利于程序的后期维护工作和升级完善工作。注释是不会影响程序执行效率的，因为注释部分的内容是不会被解释器执行的。

任务一　PHP 注释使用

PHP 的注释有三种风格，下面分别进行介绍。

一、C 风格的多行注释（/*…*/）

```php
<?php
 /*
 echo "这是第一行注释信息";
 echo "这是第二行注释信息";
 */
 echo "使用 C 风格的注释";
?>
```
运行结果为：使用 C 风格的注释

上面代码虽然使用 echo 输出语句分别输出了"这是第一行注释信息""这是第二行注释信息"和"使用 C 风格的注释"，但是因为使用了注释符号"/*…*/"将前面两个输出语句注释掉了，所以没有被程序执行。

二、C++风格的单行注释（//）

```php
<?php
echo "使用 C++风格的注释";
//echo "这就是 C++风格的注释";
?>
```
运行结果为：使用 C++风格的注释

上面代码使用 echo 输出语句分别输出了"使用 C++风格的注释"和"这就是 C++风格的注释"，但是因为使用注释符号（//）将第 2 个输出语句注释掉了，所以不会被程序执行。

注意：在使用单行注释时，注释内容中不要出现"?>"标志，因为解释器会认为这是 PHP 脚本，而去执行"?>"后面的代码。例如：

```php
<?php
echo"这样会出错的！！！！！ "　　　//不会看到?>会看到
?>
```
运行结果为：这样会出错的！！！！！ 会看到?>

任务二　注释的有效运用

注释的运用是书写规范程序时很重要的一个环节。注释主要是针对代码功能的解释和说明，以及解释脚本的用途、版权说明、版本号、生成日期、作者、内容等，有助于其他程序员对程序的阅读理解。合理使用注释有以下几项原则：

（1）注释语言必须准确、易懂、简洁。

（2）注释在编译代码时会被忽略，不会被编译到最后的可执行文件中，所以注释不会增加可执行文件的大小。

（3）注释可以书写在代码中的任意位置，但是一般写在代码的开头或者结束位置。

（4）修改程序代码时，一定要同时修改相关的注释，保持代码和注释的同步。

（5）在实际的代码规范中，要求注释占程序代码的比例达到 20%左右，即 100 行程序中包含 20 行左右的注释。

（6）在程序块的结束行右方加注释标记，以表明某程序块的结束。

（7）避免在注释中使用缩写，特别是非常用缩写。

（8）注释与所描述内容进行同样的缩排，可使程序排版整齐，并方便注释的阅读与理解。

注：避免在一行代码或表达式的中间插入注释，否则容易使代码可理解性变差。

模块四　PHP 常量

常量主要是用于存储不经常改变的数据内容。常量的值被定义后，在程序的整个执行期间内，这个值都是有效的，并且不可再次对该常量进行赋值修改。

任务一　常量的声明与使用

一、使用 define()函数声明常量

在 PHP 中使用 define()函数来定义常量，函数的语法如下：

define(string constant_name,mixed value,case_sensitive=true)

define 函数的参数说明如表 2-1 所示。

表 2-1　define 函数的参数说明

参　　数	说　　明
constant_name	必选参数，常量名称，即标志符
value	必选参数，常量的值
case_sensitive	可选参数，指定是否大小写敏感，设定为 True，表示不敏感

二、使用 constant()函数获取常量的值

获取指定常量的值和直接使用常量名输出的效果是一样的。但函数可以动态地输出不同的常量，在使用上要灵活、方便得多。constant()函数的语法如下：

mixed constant(string const_name)

参数 const_name 为要获取常量的名称。如果成功则返回常量的值，失败则提示错误信息（如常量没有被定义）。

三、使用 defined()函数判断常量是否已经被定义

defined()函数的语法如下：

bool defined(string constant_name);

参数 constant_name 为要获取常量的名称，成功则返回 true，否则返回 false。

【例 2-1】使用 define()函数来定义名为 NAME 和 MASTER 的常量，使用 constant()函数来获取该常量的值，最后再使用 defined()函数来判断常量是否已经被定义，代码如下：

```
<meta charset="utf-8">
<?php
/*使用 define 函数来定义名为 NAME 的常量，并为其赋值为"××××学院"，然后分别
输出常量 NAME 和 name，因为没有设置 Case_sensitive 参数为 true，所以表示大小写敏感，
因此执行程序时，解释器会认为没有定义 name 常量而输出提示，并将 NAME 作为普通字符
串输出 */
define("NAME", "XXXX 学院");//定义了一个学校名称的常量
  echo (NAME)."<br>";//输出定义的常量
     echo (Name)."<br>";//输出定义的常量
     /*使用 define 函数来定义名为 MASTER 的常量，并为其赋值为"kc"，并设置
Case_sensitive 参数为 true，表示大小写不敏感，分别输出常量 MASTER 和 Master，因为设置
了大小不敏感，因此程序会认为它和 MASTER 是同一个常量，同样会输出值*/
echo "<hr>";
define("MASTER", "kc",true);//定义了版权信息
  echo(MASTER)."<br>";//输出定义的常量
     echo(Master)."<br>";//输出定义的常量
     echo constant(MASTER)."<br>";//使用 constant 函数来获取名为 MASTER 常量的值，
并输出
     echo (defined("NAME"))."<br>";//判断 NAME 常量是否已被赋值，如果已被赋值输出
"1"，如果未被赋值则返回 false
  ?>
```

运行效果如图 2-1 所示。

XXXX学院

Warning: Use of undefined constant Name – assumed 'Name'
(this will throw an Error in a future version of PHP) in
F:\yuanma\2\2-1.php on line **6**
Name

---

kc
kc

Warning: constant(): Couldn't find constant kc in
F:\yuanma\2\2-1.php on line **13**

1

图 2-1　常量输出运行结果

注：（1）常量只能包含的数据类型（boolean，integer，float 和 string）。

（2）在运行本示例时，由于 PHP 环境配置的不同（php.ini 中错误级别设置的不同），可能会出现不同的运行结果。图 2-1 中展示的是将 php.ini 文件中"error_reporting"的值设置为"E_ALL"后的结果。如果将"error_reporting"的值设置为"E_ALL & ~E_NOTICE"，那么将输出如图 2-2 所示结果。

任务二　预定义常量

在 PHP 中提供了很多预定义常量，可以获取 PHP 中的信息，但不能任意更改这些常量的值。预定义常量的名称及其作用如表 2-2 所示。

表 2-2　PHP 中预定义常量

常 量 名	功　　能
__FILE__	默认常量，PHP 程序文件名
__LINE__	默认常量，PHP 程序行数
PHP_VERSION	内建常量，PHP 程序的版本，如"3.0.8_dev"
PHP_OS	内建常量，执行 PHP 解析器的操作系统名称，如"Windows"
TRUE	这个常量是一个真值（TRUE）
FALSE	这个常量是一个假值（FALSE）
NULL	一个 NULL 值
E_ERROR	这个常量指到最近的错误处
E_WARNING	这个常量指到最近的警告处
E_PARSE	这个常量指解析语法有潜在问题处
E_NOTICR	这个常量为发生不寻常，但不一定是错误处

说明：__FILE__ 和 __LINE__ 中的"__"是两条下划线，而不是一条"_"。表中以 E_开头的预定义常量，是 PHP 的错误调试部分。如需详细了解，请参考 error_reporting()函数。

模块五　PHP 变量

变量就是可以随时改变的量。它主要的作用是存储临时数据信息，是编写程序中非常重要的一部分。在定义变量的时候，通常要为其赋值，所以在定义变量的同时，系统会自动为该变量分配一个存储空间来存放变量的值。

任务一　变量的声明与命名规则

一、变量的定义

在 PHP 中变量的语法格式如下：
$变量名称=变量的值

二、变量的命名规则

（1）在 PHP 中的变量名是区分大小写的。

（2）变量名必须是以美元符号（$）开始。

（3）变量名开头可以以下划线开始。

（4）变量名不能以数字字符开头。

（5）变量名可以包含一些扩展字符（如重音拉丁字母），但不能包含非法扩展字符（如汉字字符和汉字字母）。

正确的变量命名：

```
$name="zhangshub";      //定义一个变量，变量名为$name，变量值为 zhangshub
$_pwd="admin";          //定义一个变量，变量名为$_pwd，变量值为 admin
$_123num=665511;        //定义一个变量，变量名为$_123num，变量值为 665511
$_Class="jyyyb";        //定义一个变量，变量名为$_Class，变量值为 jyyyb
```

错误的变量命名：

```
$342_var=11112;         //变量名不能以数字字符开头
$~%$_var="Lit";         //变量名不能包含非法字符
```

任务二　变量的赋值

变量的赋值有三种方式：

一、直接赋值

直接赋值就是使用"="直接将值赋给某变量，例如：

```
<?php
$name=zsb;
$number=20;
echo $name;
echo $number;
?>
```

运行结果为：

```
zsb
20
```

上例中分别定义了$name 变量和$number 变量，并分别为其赋值，然后使用 echo 输出语句输出变量的值。

二、传值赋值

传值赋值就是使用"="将一个变量的值赋给另一个变量，例如：

```
<?php
$a=20;
```

```
$b=$a;
echo $a."<br>";
echo $b;
?>
```
运行结果为：

20

20

在上面的例子中，先定义变量 a 并赋值为 20，然后又定义变量 b，并设置变量 b 的值等于变量 a 的值，此时变量 b 的值也为 20。

三、引用赋值

引用赋值是一个变量引用另一个变量的值，例如：
```
<?php
$a=20;
$b=&$a;
$b=30;
echo $a."<br>";
echo $b;
?>
```
运行结果为：

30

30

仔细观察一下，"$b=&$a" 中多了一个 "&" 符号，这就是引用赋值符。当执行 "$b=&$a" 语句时，变量 b 将指向变量 a，并且和变量 a 共用同一个值。

当执行 "$b=30" 时，变量 b 的值发生了变化，此时由于变量 a 和变量 b 共用同一个值，所以当变量 b 的值发生变化时，变量 a 也随之发生变化。

任务三　变量的作用域

变量的作用域是指变量在哪些范围能被使用，在哪些范围不能被访问，PHP 中分为三种变量作用域，分别为局部变量、全局变量和静态变量。

一、局部变量

局部变量就是在函数内部定义的变量，其作用域是所在函数。

【例 2-2】下面自定义一个名为 example() 的函数，然后分别在该函数内部及外部定义并输出变量 a 的值，具体代码如下：
```
<?php
function example(){
```

```
    $a="Hi   php!";              //在自定义函数 example()中定义变量 a
    echo "在函数内部定义的变量 a 的值为：".$a."<br>";
}
example();
$a="Hi   chongqin!";            //在函数外部定义变量 a
echo "在函数外部定义的变量 a 的值为：".$a."<br>";
```

运行效果如图 2-2 所示。

图 2-2　局部变量示例运行结果

二、全局变量

全局变量是被定义在所有函数以外的变量，其作用域是整个 PHP 文件，但是在用户自定义函数内部是不可用的。想在用户自定义函数内部使用全局变量，要使用 global 关键词声明。

【例 2-3】定义一个全局变量，并且在函数内部输出全局变量的值，具体代码如下：

```
<?php
$a="Hi   php!";                //在自定义函数外部声明一个变量 a
function example(){            //自定义一个函数，名为 example
    global $a;                 //使用 global 关键词声明并使用在函数外部定义的变量 a
echo "在函数内部获得变量 a 的值为：".$a."<br>";
}
example();?>
```

运行效果如图 2-3 所示。

图 2-3　全局变量示例运行结果

三、静态变量

通过全局变量的理解，可以知道在函数内部定义的变量，在函数调用结束后，其变量将会失效。但有时仍然需要该函数内的变量有效，此时就需要将变量声明为静态变量，声明静态变量只需在变量前加"static"关键字即可。

【例 2-4】下面分别在函数内声明静态变量和局部变量，并且执行函数，比较执行结果有什么不同。具体代码如下：

```php
<?php
function example(){
    static $a=20;                //定义静态变量
    $a+=2;
    echo "静态变量 a 的值为："."$a."<br>";
}
function xy(){
    $b=20;                       //定义局部变量
    $b+=2;
    echo "局部变量 b 的值为："."$b."<br>";
}
example();                       //一次执行该函数体
example();                       //二次执行该函数体
example();                       //三次执行该函数体
xy();                           //一次执行该函数体
xy();                           //二次执行该函数体
xy();                           //三次执行该函数体
?>
```

运行结果如图 2-4 所示。

静态变量a的值为：22
静态变量a的值为：24
静态变量a的值为：26
局部变量b的值为：22
局部变量b的值为：22
局部变量b的值为：22

图 2-4   静态变量与局部变量的区别

任务四   可变变量

可变变量是一种独特的变量，这种变量的名称是由另外一个变量的值来确定的，声明可变变量的方法是在变量名称前加两个"$"符号。

声明可变变量的语法如下：

$$可变变量名称=可变变量的值

【例 2-5】下面举例说明声明可变变量的方法，具体代码如下：

```php
<?php
$a="zsb";                //定义变量
$$a="abc";               //声明可变变量，该变量名称为变量 a 的值
echo $a."<br>";          //输出变量 a
echo $$a."<br>";         //输出可变变量
echo $zsb;               //输出变量 zsb
?>
```
运行结果如图 2-5 所示。

图 2-5　可变变量示例运行结果

模块六　PHP 数据类型

计算机能操作的对象只是数据，而每个数据都应该有其数据类型，具备相同类型的数据才可以彼此操作，PHP 的数据类型可以分成三种，即标量、复合、和特殊数据类型。

任务一　数值型数据的使用

标量数据类型是数据结构中最基本的单元，只能存储一个数据。PHP 中标量数据类型包括四种，如表 2-3 所示。

表 2-3　标量数据类型

类　型	说　明
boolean（布尔型）	这是最简单的类型。只有 2 个值，真（True）和假（False）
string（字符串型）	字符串就是连续的字符序列，可以是计算机所能表示的一切字符的集合
integer（整型）	整型数据类型只能包含整数，这些数据类型可以是正数或负数
float（浮点型）	浮点数据类型用来存储数字，和整型不同的是它有小数位

下面对各个数据类型进行详细介绍。

一、布尔型（boolean）

布尔型是 PHP 中较为常用的数据类型之一。它保存一个真值（True）或者假值（False）。

布尔型数据的用法如下所示：

```php
<?php
$a=TRUE;
$c=FALSE;
?>
```

二、字符串型（string）

字符串是连续的字符序列，由数字、字母和符号组成。字符串中的每个字符只占用一个字节。字符包含以下几种类型：

数字类型，例如1、2、3等。

字母类型，例如a、b、c、d等。

特殊字符，例如#、$、%、^、&等。

不可见字符，例如\n（换行符）、\r（回车符）、\t（Tab字符）等。

其中，不可见字符是比较特殊的一组字符，是用来控制字符串格式化输出的，在浏览器上不可见，只能看到字符串输出的结果。

【例2-6】运用PHP的不可见字符串完成字符串的格式输出，程序代码如下：

```php
<?php
echo   "PHP从入门到精通\rASP从入门到精通\nJSP程序开发范例宝典\tPHP函数参考大全";//输出字符串?>
```

说明："\r"——回车；"\n"——换行；"\t"——水平制表符。

运行结果如图2-6所示，在IE浏览器中不能直接看到不可见字符串（\r、\n和\t）的作用效果。

在PHP中，定义字符串有三种方式：

单引号（'）；

双引号（"）；

界定符（<<<）。

单引号和双引号是经常被使用的定义方式，定义格式如下：

$a ='字符串';

或

$a ="字符串";

说明：双引号中所包含的变量会自动被替换成实际数值，而在单引号中包含的变量则按普通字符串输出。

在定义字符串时，尽量使用单引号，因为单引号的运行速度要比双引号快。

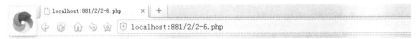

PHP从入门到精通 ASP.net从入门到精通 java程序开发范例宝典 PHP函数参考大全

图2-6　不可见字符串的应用

只有通过"查看源文件"才能看到不可见字符串的作用效果，如图2-7所示。

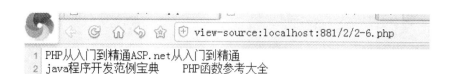

1 PHP从入门到精通ASP.net从入门到精通
2 java程序开发范例宝典   PHP函数参考大全

图 2-7   查看不可见字符串的作用

【例 2-7】下面分别使用单引号、双引号、界定符输出变量的值，具体代码如下：

```php
<?php
$a="大家好！";
echo "$a"."<br>";          //使用双引号输出变量
echo '$a'."<br>";          //使用单引号输出$a
//使用界定符输出变量
echo <<<std
$a
std;
?>
```

运行结果如图 2-8 所示。

大家好！
$a
大家好！

图 2-8   使用不同的方式输出变量的区别

注意：使用界定符输出字符串时，结束标识符必须单独另起一行，并且不允许有空格。如果在标识符前后有其他符号或字符，则会发生错误。

三、整型（integer）

整型数据类型只能包含整数。在 32 位的操作系统中，有效的范围是-2 147 483 648 ~ +2 147 483 647。整型数可以用十进制、八进制和十六进制来表示。如果用八进制，数字前面必须加 0；如果用十六进制，则需要加 0x。

【例 2-8】分别输出八进制、十进制和十六进制的结果，具体代码如下：

```php
<?php
$str1 = 1234;              //八进制变量
$str2 = 01234;            //十进制变量
$str3 = 0x1234;          //十六进制变量
echo "数字 1234 不同进制的输出结果：<p>";
echo "十进制的结果是：$str1<br>";
echo "八进制的结果是：$str2<br>";
```

```php
echo "十六进制的结果是：$str3";
?>
```

运行结果如图 2-9 所示。

数字1234不同进制的输出结果：

十进制的结果是：1234
八进制的结果是：668
十六进制的结果是：4660

图 2-9　输出八进制、十进制和十六进制数据

注意：如果给定的数值超出了 int 类型所能表示的最大范围，将会被当作 float 型处理，这种情况叫作整数溢出。同样，如果表达式的最后运算结果超出了 int 的范围，也会返回 float 型。

如果在 64 位的操作系统中，其运行结果可能会有所不同。

四、浮点型（float）

浮点数据类型可以用来存储整数，也可以保存小数。它提供的精度比整数大得多。在 32 位的操作系统中，有效的范围是 1.7E-308 ~ 1.7E+308。在 PHP4.0 以前的版本中，浮点型的标识为 double，也叫双精度浮点数，两者没什么区别。

浮点型数据默认有两种书写格式，一种是标准格式：

3.1415

0.333

−35.8

还有一种是科学记数法格式：

3.58E1

849.72E−3

例如：

```php
<?php
$a=1.036;
$b=2.035;
$c=3.58E1;              //该变量的值为 3.58×10
?>
```

注意：浮点型的数值只是一个近似值，所以要尽量避免浮点型之间比较大小，因为最后的结果往往是不准确的。

任务二　复合数据类型

复合数据类型包括两种：array（数组）和 object（对象）。

一、数组（array）

数组是一组数据的集合，它把一系列数据组织起来，形成一个可操作的整体。数组中可以包括很多数据：标量数据、数组、对象、资源，以及 PHP 中支持的其他语法结构等。

数组中的每个数据称为一个元素，每个元素都有一个唯一的编号，称为索引。元素的索引只能由数字或字符串组成，元素的值可以是多种数据类型。定义数组的语法格式如下：

$array['key'] = 'value';

或

$array(key1 => value1, key2 => value2…)

其中参数 key 是数组元素的索引，value 是数组元素的值。

【例 2-9】 下面举一个简单的数组应用示例，具体代码如下：

```php
<?php
$array[0]="伟大的 PHP";                  //定义$array 数组的第 1 个元素
$array[1]="编程的乐趣";                   //定义$array 数组的第 2 个元素
$array[2]="学习快乐";                     //定义$array 数组的第 3 个元素
$number=array(0=>'伟大的 PHP ',1=>'编程的乐趣',2=>'学习快乐');
                                         //定义//$number 数组的所有元素
echo $array[0]."<br>";                   //输出$array 数组的第 1 个元素值
echo $number[1];                         //输出$number 数组的第 2 个元素值
?>
```

运行结果如图 2-10 所示。

伟大的PHP
编程的乐趣

图 2-10　数组应用

二、对象（object）

现在的编程语言用到的方法有两种：面向过程和面向对象。在 PHP 中，用户可以自由使用这两种方法。有关面向对象的技术可以参考本书后面的内容。

任务三　特殊数据类型

特殊数据类型包括两种：resource（资源）和 null（空值）。

一、资源（resource）

资源是由专门的函数来建立和使用的。它是一种特殊的数据类型，并由程序员分配。在使用资源时，要及时地释放不需要的资源，如果程序员忘记了释放资源，系统自动启用垃圾回收机制，避免内存消耗殆尽。

二、空值（null）

空值，顾名思义，表示没有为该变量设置任何值，另外，空值（null）不区分大小写，null和NULL效果是一样的。被赋予空值的情况有以下三种：

没有赋任何值；

被赋值为null；

被unset()函数处理过的变量。

下面分别对这三种情况举例说明，具体代码如下：

```php
<?php
$a;                    //没有赋值的变量
$b=NULL;               //被赋空值的变量
$c=3;
unset($c);             //使用unset()函数处理后，$c的值为空
?>
```

PHP中的类型转换和C语言一样，非常简单。在变量前面加上一个小括号，并把目标数据类型写在小括号中即可。

PHP中允许转换的类型如表2-4所示。

表2-4　类型强制转换

转 换 函 数	转 换 类 型	举　　例
(boolean),(bool)	将其他数据类型强制转换成布尔型	$a=1;$b=(boolean)$a; $b=(bool)$a;
(string)	将其他数据类型强制转换成字符串型	$a=1; $b=(string)$a;
(integer),(int)	将其他数据类型强制转换成整型	$a=1;$b=(int)$a; $b=(integer)$a;
(float),(double),(real)	将其他数据类型强制转换成浮点型	$a=1;$b=(float)$a;　　$b=(double)$a; $b=(real)$a;
(array)	将其他数据类型强制转换成数组	$a=1; $b=(array)$a;
(object)	将其他数据类型强制转换成对象	$a=1; $b=(object)$a;

在进行类型转换的过程中应该注意以下几点：

（1）转换成boolean型。

null、0和未赋值的变量或数组，会被转换为False，其他的为真。

（2）转换成整型。

布尔型的False转为0，True转为1。

浮点型的小数部分被舍去。

对于字符串型，如果以数字开头，就截取到非数字位，否则输出0。

（3）当字符串转换为整型或浮点型时，如果字符是以数字开头的，就会先把数字部分转

换为整型，再舍去后面的字串。如果数字中含有小数点，则会取到小数点前一位。

任务四 检测数据类型

PHP 中提供了很多检测数据类型的函数，可以对不同类型的数据进行检测，判断其是否属于某个类型。检测数据类型的函数如表 2-5 所示。

表 2-5 检测数据类型函数

函 数	检 测 类 型	举 例
is_bool	检查变量是否是布尔类型	is_book($a);
is_string	检查变量是否是字符串类型	is_string($a);
is_float/is_double	检查变量是否为浮点类型	is_float($a);
is_integer/is_int	检查变量是否为整数	is_integer($a); is_int($a);
is_null	检查变量是否为 null	is_null($a);
is_array	检查变量是否为数组类型	is_array($a);
is_object	检查变量是否是一个对象类型	is_object($a);
is_numeric	检查变量是否为数字或由数字组成的字符串	is_numeric($a);

【例 2-10】下面通过几个检测数据类型的函数来检测相应的数据类型，具体代码如下：

```php
<?php
$a=true;
$b="大家好 PHP";
$c=789521;
echo "1. 变量是否为布尔型："".is_bool($a)."<br>";        //检测变量是否为布尔型
echo "2. 变量是否为字符串型："".is_string($b)."<br>";    //检测变量是否为字符串型
echo "3. 变量是否为整型："".is_int($c)."<br>";           //检测变量是否为整型
echo "4. 变量是否为浮点型："".is_float($c)."<br>";       //检测变量是否为浮点型
?>
```

运行结果如图 2-11 所示。

1. 变量是否为布尔型：1
2. 变量是否为字符串型：1
3. 变量是否为整型：1
4. 变量是否为浮点型：

图 2-11 检测变量数据类型

说明：由于变量 C 不是浮点型，所以第 4 个判断的返回值为 false，即空值。

模块七　PHP 运算符与优先级

运算符是用来对变量、常量或数据进行计算的符号，它对一个值或一组值执行一个指定的操作。PHP 运算符主要包括有算术运算符、字符串运算符、位运算符、赋值运算符、递增运算符或递减运算符等。下面对各种运算符进行介绍。

任务一　运用算术运算符

算术运算符主要用于处理算术运算操作，常用的算术运算符及作用如表 2-6 所示。

表 2-6　常用的算术运算符

名　称	操　作　符	实　例
加法运算	+	$a + $b
减法运算	-	$a - $b
乘法运算	*	$a * $b
除法运算	/	$a / $b
取余数运算	%	$a % $b

注意：在算术运算符中使用"%"求余，如果被除数（$a）是负数的话，那么取得的结果也是一个负值。

【例 2-11】下面通过算术运算符计算个人工资总的支出、剩余工资、房贷占工资的比例等，具体代码如下：

```php
<?php
$a='6000';                          //定义变量 a，月工资为 4000
$b='2750';                          //定义变量 b，房贷 1750
$c='1000';                          //定义变量 b，消费金额 500
echo $c + $b .'<br>';               //计算每月总的支出金额
echo $a-$b-$c.'<br>';               //计算每月剩余工资
echo $b/$a.'<br>';                  //计算房贷占总工资的比例
echo $b%$a.'<br>';                  //计算变量 b 和变量 b 余数
?>
```

运行结果如图 2-12 所示。

3750
2250
0.45833333333333
2750

图 2-12　算术运算符示例运行结果

任务二　字符串运算符

字符串运算符主要用于处理字符串的相关操作，在 PHP 中字符串运算符只有一个，那就是 "."，该运算符用于将两个字符串连接起来，结合到一起形成一个新的字符串。应用格式如下：

$a.$b

这个运算符在上面的例子中已经使用，比如：

echo $c + $b .'
';　　　　　　　　　　　//计算这个人总的支出金额

此处使用字符串运算符将 c+b 的值与字符串 "<br>" 连接，在输出 c+b 的值后执行换行操作。

任务三　赋值运算符

在 PHP 中赋值运算符主要用于处理表达式的赋值操作，它提供了很多赋值运算符，其用法及意义如表 2-7 所示。

表 2-7　常用赋值运算符

操　作	符　号	实　例	展 开 形 式	意　义
赋值	=	$a=b	$a=3	将右边的值赋给左边
加	+=	$a+= b	$a=$a + b	将右边的值加到左边
减	-=	$a-= b	$a=$a-b	将右边的值减到左边
乘	*=	$a*= b	$a=$a * b	将左边的值乘以右边
除	/=	$a/= b	$a=$a / b	将左边的值除以右边
连接字符	.=	$a.= b	$a=$a. b	将右边的字符加到左边
取余数	%	$a%= b	$a=$a % b	将左边的值对右边取余数

【例 2-12】一个非常简单的赋值运算符的例子，就是为变量赋值：

$a=2;

此处应用 "=" 运算符，为变量 a 赋值，下面再举一个复杂一点示例，代码如下：

<?php

$a=2;　　　　　　　//使用 "=" 运算符为变量 a 赋值

```php
$b=8;                //使用 "=" 运算符为变量 b 赋值
$a*=$b;              //使用 "*=" 运算符获得变量 a 乘以变量 b 的值，并赋给变量 a
echo $a;             //输出重新赋值后变量 a 的值
?>
```

运行结果为：16

说明：在执行 a=a+1 的操作时，建议使用 a+=1 来代替。因为其符合 C/C++的习惯，并且效率还高。

任务四　位运算符

在 PHP 中位逻辑运算符是指对二进制位从低位到高位对齐后进行运算。具体格式如表 2-8 所示。

表 2-8　位运算符

符 号	作 用	举 例
&	按位与	$m & $n
|	按位或	$m | $n
^	按位异或	$m ^ $n
~	按位取反	$m ~ $n
<<	向左移位	$m << $n
>>	向右移位	$m >> $n

【例 2-13】使用位运算符对变量中的值进行位运算操作，实例代码如下：

```php
<?php
$m = 6 ;                 //运算时会将 6 转换为二进制码 110
$n = 10 ;                //运算时会将 10 转换为二进制码 1010
$mn = $m&$n ;            //将 110 和 1010 做与操作后转换为十进制码
echo $mn ."<br>";       //输出转换结果
$mn = $m | $n ;         //将 110 和 1010 做或操作后转换为十进制码
echo $mn ."<br>";       //输出转换结果
$mn = $m ^ $n ;         //将 110 和 1010 做异或操作后转换为十进制码
echo $mn ."<br>";       //输出转换结果
$mn =  ~ $m ;           //将 110 做非操作后转换为十进制码
echo $mn ."<br>";       //输出转换结果
?>
```

运行结果如图 2-13 所示。

2
14
12
-7

图 2-13　运算符示例运行结果

任务五　递增/递减运算符

在 PHP 中递增运算符"++"和递减运算符"--"与算术运算符有些相同，都是对数值型数据进行操作。但算术运算符适合在两个或者两个以上不同操作数的场合使用，当只有一个操作数时，就可以使用"++"或者"--"运算符。

【例 2-14】用一个简单的例子，来加深对递增和递减运算符的理解，具体代码如下：

```php
<?php
$a=2;
$b=3;
$c=4;
$d=6;
echo  "a=".$a."  b=".$b."  c=".$c."  d=".$d."<br>";   //
输出上面四个变量的值， 是空格符
echo "++a=".++$a."<br>";              //计算变量 a 自加的值
echo "b++=".$b++."<br>";              //计算变量 b 自加的值
echo "--c=".--$c."<br>";              //计算变量 c 自减的值
echo "d--=".$d--."<br>";              //计算变量 d 自减的值
?>
```

运行结果如图 2-14 所示。

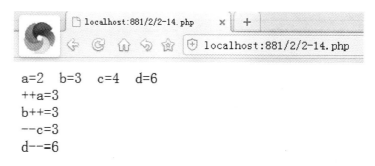

a=2　b=3　c=4　d=6
++a=3
b++=3
--c=3
d--=6

图 2-14　递增和递减运算符示例运行结果

说明：当运算符位于变量前时（++$a），先自加，然后再返回变量的值；当运算符位于变量后时（$a++），先返回变量的值，然后再自加，即输出的是变量 a 的值，并非 a++的值。这就是为什么变量$b 自加和$d 自减后的值没有改变的原因。

任务六 逻辑运算符

PHP 中的逻辑运算符用于处理逻辑运算操作，是程序设计中一组非常重要的运算符，逻辑运算符如表 2-9 所示。

表 2-9 PHP 的逻辑运算符

运 算 符	实 例	结 果 为 真
&&或 and（逻辑与）	$m and $n 或 $m && $n	当 $m 和 $n 都为真或假时，返回 TRUE 或 FALSE 当 $m 和 $n 有一个为假时，返回 FLASE
||或 or（逻辑或）	$m || $n 或 $m or $n	当 $m 和 $n 都为真或假时，返回 TRUE 或 FALSE 当 $m 和 $n 有一个为真时，返回 TRUE
xor（逻辑异或）	$m xor $n	当 $m 和 $n 都为真或假时，返回 TRUE 或 FALSE 当 $m 和 $n 有一个为真时，返回 TRUE
!（逻辑非）	!$m	当 $m 为假时返回 TRUE，当 $m 为真时返回 FALSE

【例 2-15】使用逻辑运算符进行判断：如果变量存在，且值不为空，则执行数据的输出操作，否则弹出提示信息（变量值不能为空）。具体代码如下：

```php
<?php
$x="";                      //如果变量 x 值为空则输出提示信息，否则输出"××××大学欢迎您！"
if(isset($x) && !empty($x)){    //使用 and 判断变量 x
echo "XXXX 大学欢迎您！";
}else{
echo "<script>alert('变量值不能为空！');</script>";
}
?>
```

运行结果如图 2-15 所示。

图 2-15 使用逻辑与判断变量的真假

说明：本例在 if 语句中，应用逻辑与进行判断，当变量存在，且值不为空的情况下输出数据，否则输出提示信息。

isset()函数检查变量是否设置，如果设置则返回 TRUE，否则返回 FALSE。

empty()函数检测变量是否为空，如果为空则返回 TRUE，否则返回 FALSE。

任务七　比较运算符

PHP 中的比较运算符主要用于比较两个数据的值，返回值为一个布尔类型。比较运算符如表 2-10 所示。

表 2-10　PHP 的比较运算

运算符	实　例	结　果
<	小于	$m<$n，当$m 小于$n 时，返回 TRUE，否则返回 FALSE
>	大于	$m>$n，当$m 大于$n 时，返回 TRUE，否则返回 FALSE
<=	小于等于	$m<=$n，当$m 小于等于$n 时，返回 TRUE，否则返回 FALSE
>=	大于等于	$m>=$n，当$m 大于等于$n 时，返回 TRUE，否则返回 FALSE
==	相等	$m==$n，当$m 等于$n 时，返回 TRUE，否则返回 FALSE
!=	不等	$m!=$n，当$m 不等于$n 时，返回 TRUE，否则返回 FALSE
===	恒等	$m=== $n，当$m 等于$n，并且数据类型相同，返回 TRUE，否则返回 FALSE
!==	非恒等	$m!= =$n，当$m 不等于$n，并且数据类型不相同，返回 TRUE，否则返回 FALSE

这里面＝＝＝和!＝＝不太常见。

【例 2-16】　下面使用比较运算符比较张三与李四的工资，具体代码如下：

```php
<?php
$x=3000;                          //张三的工资 3000
$y=5000;                          //李四的工资 5000
echo "x=".$x."  y=".$y."<br>";
echo "x < y 的返回值为： ";
echo var_dump($x<$y)."<br>";      //比较 x 是否小于 y
echo "x >= y 的返回值为： ";
echo var_dump($x>=$y)."<br>";     //比较 x 是否大于等于 y
echo "x == y 的返回值为： ";
echo var_dump($x==$y)."<br>";     //比较 x 是否等于 y
echo "x != y 的返回值为： ";
echo var_dump($x!=$y)."<br>";     //比较 x 是否不等于 y
?>
```

运行结果如图 2-16 所示。

```
x=3000    y=5000
x < y的返回值为:    bool(true)
x >= y的返回值为:   bool(false)
x == y的返回值为:   bool(false)
x != y的返回值为:   bool(true)
```

图 2-16   比较运算符示例运行结果

任务八   三元运算符

在 PHP 中三元运算符可以提供简单的逻辑判断，其应用格式为：

表达式 1?表达式 2:表达式 3

如果表达式 1 的值为 TRUE，则执行表达式 2，否则执行表达式 3。

【例 2-17】   通过三元运算符定义分页变量的值，具体代码如下：

```php
<?php
//通过三元运算符判断分页变量 a 的值，如果变量存在，则直接输出变量值，否则为变量赋值为 2
$a=(isset($_GET['a']))?$_GET['a']:"2";
echo $a;        //输出变量值
?>
```

localhost:881/2/2-17.php

2

图 2-18   三元运算符

运行结果如图 2-18 所示。

说明：本例中介绍的方法在项目的实际开发中非常实用，特别是在分页技术中，根据超级链接传递的参数值定义分页变量。其原理是：首先应用 isset()函数检测$_GET['a']全局变量是否存在，如果存在则直接将该值赋给变量 a，否则为变量 a 赋值为 2。

任务九   运算符的使用规则

在 PHP 中运算符的使用规则就是当表达式中包含多种运算符时，运算符的执行顺序与数学四则运算中的先算乘除后算加减是一样的。PHP 的运算符优先级如表 2-11 所示。

表 2-11   运算符的优先级

优 先 级 别	运 算 符
1	or, and, xor
2	赋值运算符
3	||, &&
4	|, ^
5	&, .
6	+, −
7	/, *, %

优 先 级 别	运 算 符
8	<<, >>
9	++, − −
10	+, −（正、负号运算符), !, ~
11	==, !=, <>
12	<, <=, >, >=
13	?:
14	->
15	=>

说明：如果写的表达式真的很复杂，而且包含较多的运算符，不妨多加（），例如：$a and (($b != $c) or (5 * (50 − $d)))。这样就会减少出现逻辑错误的可能。

项目练习

一、选择题

1. 下列选项中，变量命名是正确的是(　　　)。

    A. $312   B. _abc   C. #cdb   D. $kc

2. 下列属于赋值去处符的是(　　　)。

    A. =   B. +=   C. .=   D. ==

3. 在 PHP 中提供了多种输出语句，其中可以输出数据类型的是(　　　)。

    A. print()   B. echo   C. var_dump()   D. print_r()

二、填空题

1. 标题数据类型共有_____种，分别为字符串类型、浮点型、整形和_____。

2. 表达式（7%2）的运行结果等于_____。

3. 用在程序的解释和说明的是_____，它在程序解析时会被 PHP 解析器忽略。

三、判断题

1. 常量只能是固定不变的值，不能是表达式。(　　　)

2. 可变变量就是将一个变量的值作为另一个变量的名称。(　　　)

3. PHP 的标识符在定义时不能包含空格符号。(　　　)

四、简答题

1. PHP 的数据类型有哪些？每种数据类型适用于哪种应用场合？

2. PHP 的开始标记与结束标记有哪些，使用时有何注意事项？

五、编程题

任意指定 3 个数，写程序求出 3 个数的最大值。

项目三　PHP 流程控制语句

【学习目标】

（1）掌握使用选择结构控制程序执行的流程；

（2）掌握使用循环结构控制程序执行的流程；

（3）掌握使用跳转语句控制程序执行的流程。

【能解决的问题】

（1）能掌握 PHP 中结构控制语句的运用；

（2）能运用 PHP 中循环控制语句完成程序的编码；

（3）能运用跳转语句完成程序的编码。

　　当程序从左向右（若一行有多个语句）、从上往下执行时，这种程序执行流程的控制结构称为顺序结构，例如表达式语句、函数调用语句等都是组成顺序结构的语句。在实际业务中，常常需要根据不同的条件执行不同的动作，这时需要使用选择结构来完成；当需要让相同的代码块一次又一次地重复运行时，可以使用循环结构来控制程序执行的流程。顺序结构、选择结构和循环结构是程序流程控制的三种基本结构。程序设计中的复杂的业务流程，最终都可以分解为这三种基本结构来完成。

　　本项目通过一个实例首先讲解实现选择结构的四种流程控制语句，然后讲解实现循环结构的四种流程控制语句，最后讲解跳转语句。通过理论配合实例进行任务驱动学习，使读者掌握程序流程控制的基本结构。

　　任务描述：去哪儿旅游。当存款 5 000 元以内时，选择国内旅游；超过 5 000 元，选择国际旅游。在国内旅游中，当存款 2 000 元以内时，选择省内游；当存款在 2 000 ~ 5 000 元内时，选择省际游。实际运行效果如图 3-1 所示。

存款2000元，选择省际旅游！

图 3-1　去哪儿旅游运行效果

　　任务分析：在本任务中，需要根据存款多少来选择去哪儿旅游。在程序设计中，这是典型的选择结构，需要使用 PHP 的选择结构语句来实现。

　　在以下学习中，将以存款的多少来决定去哪儿旅游，并结合具体知识点进行讲述。

模块一　条件控制语句

　　在选择结构中，需要根据不同的条件判断去执行不同的动作，实现选择结构的语句有：

单分支 if、双分支 if、多分支 if 和多分支 switch-case 语句四种。

任务一 if 条件控制语句

一、单分支 if 语句

例如，当存款 5 000 元以内时，选择国内旅游，案例效果如图 3-2 所示。

图 3-2　单分支 if 语句运行效果

实现上述效果的代码如下：

```php
<?php
$money=3000;
echo "存款".$money."元，选择";
if($money<5000)
    echo "国内旅游！";
?>
```

在上面的例子中，使用了单分支 if 语句。在 PHP 中，单分支 if 语句的语法格式如下：

```
if(条件表达式)
{
        语句块
}
```

上面的语法格式中，条件表达式的值为一个布尔值。当条件表达式的值为 true 时，执行 {} 中的语句块。当语句块中只有一条语句时，{} 可以不写。单分支 if 的执行流程如图 3-3 所示。

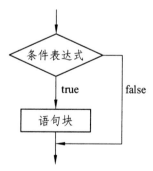

图 3-3　单分支 if 语句执行流程

二、双分支 if 语句

例如，当存款在 5 000 元以内时，选择国内旅游；当存款达到 5 000 元时，选择国际旅游，案例效果如图 3-4 所示。

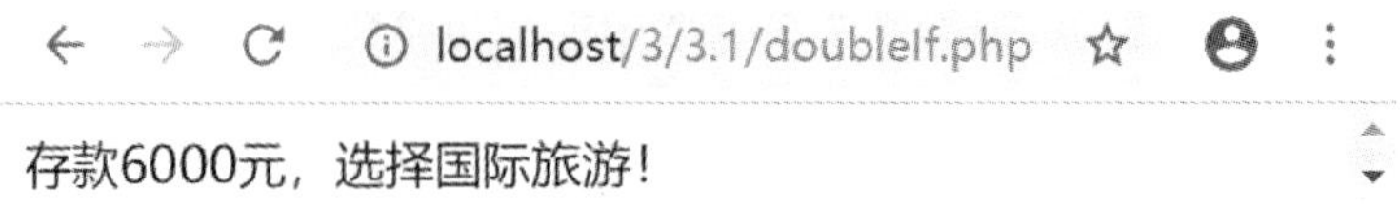

存款6000元，选择国际旅游！

图 3-4　双分支 if 语句运行效果

实现上述效果的代码如下：

```php
<?php
$money=6000;
echo "存款".$money."元，选择";
if($money<5000)
    echo "国内旅游！";
else
    echo "国际旅游！";
?>
```

在上面的例子中，使用了双分支 if 语句。在 PHP 中，双分支 if 语句的语法格式如下：

```
if(条件表达式)
{
    语句块 1
}
else
{
    语句块 2
}
```

上面的语法格式中，条件表达式的值为一个布尔值。当条件表达式的值为 true 时，执行语句块 1；当条件表达式的值为 false 时，执行语句块 2。双分支 if 语句的执行流程如图 3-5 所示。

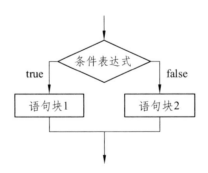

图 3-5　双分支 if 语句执行流程

三、嵌套 if 语句

"去哪儿旅游"分析如表 3-1 所示。

表 3-1　"去哪儿旅游"分析表

存款<5 000 元	选择国内旅游	存款<2 000 元	选择省内游
		2 000 元≤存款<5 000 元	选择省际游
存款≥5 000 元	选择国际旅游		

可见，在"存款<5 000 元"这一分支中，可以使用嵌套双分支 if 语句实现，代码如下所示：

```php
<?php
$money=2000;
echo "存款".$money."元，选择";
if($money<5000)
    if($money<2000)
        echo "省内旅游！";
    else
        echo "省际旅游！";
else
    echo "国际旅游！";
?>
```

程序执行效果如图 3-6 所示。

图 3-6　嵌套双分支 if 语句运行效果

在使用嵌套 if 语句时，要特别注意，else 分支是与之前最近的没有配套的 if 语句匹配。

四、多分支 if 语句

PHP 还提供了多分支 if 语句，可以实现对多个条件的判断，进行多种不同的处理。按照多分支分析"去哪儿旅游"任务，如表 3-2 所示。

表 3-2　"去哪儿旅游"多分支分析表

存款范围	选择方式
存款<2 000 元	选择省内游
2 000 元≤存款<5 000 元	选择省际游
存款≥5 000 元	选择国际旅游

实现和嵌套 if 语句同样效果的多分支 if 语句代码如下所示：

```php
<?php
$money=2000;
echo "存款".$money."元，选择";
if($money<2000)
```

```
    echo "省内旅游！";
elseif($money<5000)
    echo "省际旅游！";
else
    echo "国际旅游！";
?>
```

在上面的例子中，使用了多分支 if 语句。在 PHP 中，多分支 if 语句的语法格式如下：

```
if(条件表达式 1){
    语句块 1
}elseif(条件表达式 2){
    语句块 2
}
……
elseif(条件表达式 n){
    语句块 n
}else{
    语句块 n+1
}
```

上面的语法格式中，条件表达式 1~n 的值为一个布尔值。当条件表达式 1 的值为 true 时，执行语句块 1；当条件表达式 1 的值为 false 时，则继续判断条件表达式 2，如果判断条件表达式 2 为 true 时，执行语句块 2，以此类推；如果判断条件表达式 1~n 都为 false 时，即所有条件分支都没有满足，则执行最后的 else 分支中的语句块 n+1。多分支 if 语句的执行流程如图 3-7 所示。

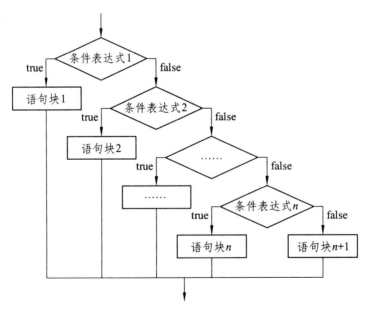

图 3-7　多分支 if 语句执行流程

说明：

（1）多分支 if 语句中可以包含一个或多个 elseif 子句，最后的 else 分支也可以没有。在多分支 if 语句结构的执行流程中，从上向下只要某一个分支条件满足，执行该分支的语句块后，则离开该多分支 if 语句结构，转去执行该结构之后的语句。

（2）多分支 if 语句中的 elseif 也可以写成两个关键字即 else if，使用时按个人习惯采用即可。

对于开始提出的"去哪儿旅游"任务，下面以多分支 if 语句实现为例，具体操作步骤如下：

步骤 1：在 F:\yuanma\3.1 目录下创建页面 multiIf.php，用 VS Code 软件打开该页面后，输入多分支 if 语句结构的代码。

步骤 2：打开浏览器，在地址栏中输入地址 http://localhost/3/3.1/multiIf.php 后，显示效果如图 3-1 所示页面。

任务二　switch 分支语句

switch-case 多分支语句也是一种很常用的选择语句，和 if 条件语句不同，它根据 switch 入口表达式的值来决定程序执行哪一段代码。例如以"去哪儿旅游"这个任务为例，使用 switch-case 多分支语句实现的代码如下：

```php
<?php
$money=5000;
echo "存款".$money."元，选择";
$choice = (int)($money/1000);
switch($choice){
    case 0:
    case 1:
        echo "省内旅游！";
        break;
    case 2:
    case 3:
    case 4:
        echo "省际旅游！";
        break;
    default:
        echo "国际旅游！";
}
?>
```

程序 switchTour.php 执行效果如图 3-8 所示。

存款5000元，选择国际旅游！

图 3-8　switch-case 多分支语句运行效果

switch-case 分支语句的一般语法结构如下所示:

```
switch(入口表达式){
    case 值 1:
        执行语句块 1
        break;
    case 值 2:
        执行语句块 2
        break;
    ……
    case 值 n:
        执行语句块 n
        break;
    default:
        执行语句块 n+1
        [break;]
}
```

在 switch 分支语句中,根据 switch 关键字之后的入口表达式的值,与 case 关键字之后的值比较,如果比较的结果是匹配的,程序的执行流程就转去执行该 case 之后的语句,遇到 break 语句时,跳出 switch-case 结构;如果没有遇到 break 语句,则一直执行,不再比较 case 之后的值,直到程序运行到离开 switch-case 结构。与 case 关键字之后的值比较时,如果没有找到任何匹配的值,就去执行 default 关键字之后的语句。default 关键字之后的[break;]表示可选,即可以使用 break 语句,若在 switch-case 结构的最后写的 default,执行完之后的语句,自然就离开 switch-case 结构了,这时也可以不使用 break 语句。在使用 switch 语句的过程中,如果连续多个 case 条件后面的执行语句是一样的,则该执行语句只需在这连续多个 case 条件的最后一个 case 条件后书写一次即可。

下面再举个例子:选择你喜欢的颜色。用这个例子来帮助理解 switch-case 语句的结构以及程序的执行流程,关键代码如下:

```php
<?php
$loveColor="blue";
switch ($loveColor)
{
case "red":
    echo "你喜欢的颜色是红色!";
    break;
case "blue":
    echo "你喜欢的颜色是蓝色!";
    break;
case "green":
    echo "你喜欢的颜色是绿色!";
    break;
```

```
default:
    echo "你喜欢的颜色不是 红，蓝，或绿色!";
}
?>
```

程序 switchLoveColor.php 执行效果如图 3-9 所示。

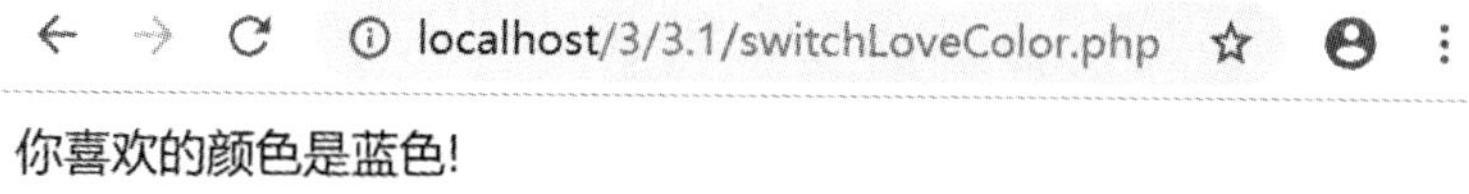

图 3-9　选择你喜欢的颜色运行效果

总之，switch-case 多分支语句的执行流程是首先对 switch 之后的表达式（通常是变量）进行一次计算。再将表达式的值与结构中每个 case 的值进行比较。如果匹配，则执行该 case 之后的代码，代码执行后，使用 break 来阻止代码跳入下一个 case ，从而跳出 switch 结构。default 语句用于不存在匹配时执行。若 default 语句写在最后，也可以省略掉 default 语句中的 break 语句。

模块二　循环控制语句

在循环结构中，可以让相同的代码块一次又一次地重复运行，实现循环结构的语句有：while 循环、do-while 循环、for 循环和 foreach 循环四种。

任务描述：计算 1+2+3+⋯+100。运行效果如图 3-10 所示。

1+2+3+......+100 = 5050

图 3-10　求 1+2+3+⋯+100 的和的运行效果

任务分析：求自然数 1 到 100 的和，有多种计算方法。在以下学习中，使用累加求和的方法来实现，以帮助学习 PHP 的循环结构语句。

任务一　while 循环语句

while 循环语句，首先根据条件判断来决定是否执行循环体，接着进行条件判断，只要条件成立，循环体语句就会执行，如此反复，直到条件不成立，while 循环结束。

使用 while 循环实现求自然数 1 到 100 的和的代码如下：

```php
<?php
$sum=0;
$i=1;
while($i<=100)
{
```

```
    $sum=$sum+$i;
    $i++;
}
echo "1+2+3+......+100 = ".$sum;
?>
```

while 循环的一般语法格式如下：

```
while(循环条件表达式)
{
    循环体语句
}
```

{}中的执行语句被称作循环体，循环体是否执行取决于循环条件。当循环条件为 true 时，循环体就会执行。循环体执行完毕时会继续判断循环条件，如条件仍为 true 则会继续执行，直到循环条件为 false 时，整个循环过程才会结束。当循环体只有一条语句时，{}可以省略。

while 循环的执行流程如图 3-11 所示。

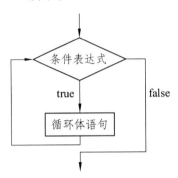

图 3-11　while 循环的执行流程

任务二　do-while 循环语句

对于 do-while 循环语句，首先执行循环体，接着根据条件判断来决定是否再次执行循环体，只要条件成立，循环体语句就会继续执行，如此反复，直到条件不成立，do-while 循环结束。

使用 do-while 循环实现求自然数 1 到 100 的和的代码如下：

```
<?php
$sum=0;
$i=1;
do{
    $sum=$sum+$i;
    $i++;
}while($i<=100);
echo "1+2+3+......+100 = ".$sum;
?>
```

do-while 循环的一般语法格式如下：

```
do{
    循环体语句
} while(循环条件表达式);
```

注意：do-while 结构的条件表达式的右圆括号后面有一个分号。do-while 循环的执行流程如图 3-12 所示。

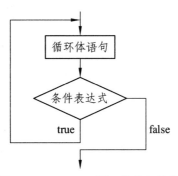

图 3-12　do-while **循环的执行流程**

do-while 循环和 while 循环能实现同样的功能。但在程序执行过程中，这两种语句还是有差别的。如果循环条件在循环语句开始时就不成立，那么 while 循环的循环体一次都不会执行，而 do-while 循环的循环体至少会执行一次。

任务三　for 循环语句

当循环次数已知的情况下，for 循环语句是最常用的循环语句。

使用 for 循环实现求自然数 1 到 100 的和的代码如下：

```php
<?php
for($sum=0,$i=1;$i<=100;$i++)
{
    $sum=$sum+$i;
}
echo "1+2+3+......+100 = ".$sum;
?>
```

for 循环语句的一般语法格式如下：

```
for(初始表达式；循环条件表达式；迭代表达式)
{
    循环体语句
}
```

在上述语法格式中，for 关键字后面的圆括号中由两个分号分隔了三部分内容，这三部分内容都是可选的。当中间一个表达式即循环条件表达式为空时，规定条件为恒真。

for 语句的执行流程是：先执行初始表达式，判断循环条件表达式，当表达式为 true 时，执行循环体语句，再执行迭代表达式，然后再去判断循环条件表达式的值，若为 true，则继续执行，如此反复，直到循环条件表达式的值为 false 时，循环结束。

for 循环的执行流程如图 3-13 所示。

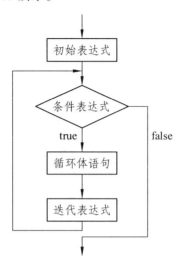

图 3-13　for 循环的执行流程

下面以 while 语句为例来实现本模块开始提出的"求自然数 1 到 100 的和"这个任务，具体操作步骤如下：

步骤 1：在 F:\yuanma\3.2 目录下创建页面 whileSum.php，用 VS Code 软件打开该页面后，输入 while 循环结构语句的代码。

步骤 2：打开浏览器，在地址栏中输入地址 http://localhost/3/3.2/whileSum.php 后，显示效果如图 3-10 所示页面。

任务四　foreach 循环语句

foreach 循环可用于遍历数组，例如输出数组中的元素，代码如下：

```php
<?php
$color=["red","green","blue"];
foreach ($color as $key => $value)
{
    echo $value . "<br>";
}
?>
```

当不需要使用数组元素索引时，可以不用写"$key =>"。数组的定义和输入输出将在学习数组的项目中详细学习。程序运行的输出如图 3-14 所示。

图 3-14　foreach 循环输出数组元素的值

模块三　跳转语句

在实际业务中，常常会碰到当某些条件满足时，需要结束当前的操作，这时可以使用跳转语句来实现程序流程的跳转。

任务一　break 跳转语句

break 语句可用于 switch-case 分支结构和循环结构中。在 switch-case 分支结构中，break 语句的作用是跳出 switch-case 分支结构；在循环结构中，break 语句的作用是跳出循环结构。需要注意的是，当循环有多层时，break 语句执行后，只能跳出 break 语句所在层的循环。

例如，输出满足条件 $1+2+3+\cdots+n<5\,000$ 的最大的 n。编写代码如下所示：

```php
<?php
$sum=0;
$i=1;
while(1)
{
    $sum=$sum+$i;
    if($sum>=5000)break;
    $i++;
}
echo "满足 1+2+3+......+n<5000  的最大的 n = ".($i-1);
?>
```

运行结果如图 3-15 所示。

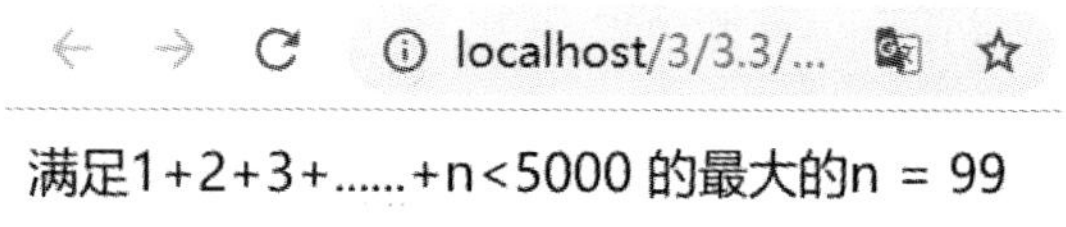

满足1+2+3+......+n<5000 的最大的n = 99

图 3-15　break 语句的运行效果

任务二　continue 跳转语句

continue 语句用在循环结构中，执行 continue 语句后，continue 语句之后的循环体代码不再执行，即终止本次循环，转去执行下一次循环。

例如，输出 10 以内的不能被 2 和 3 整除的自然数。编写代码如下所示：

```php
<?php
for($i=1;$i<=10;$i++)
{
    if($i%2==0||$i%3==0)continue;
```

```
    echo $i;
}
?>
```

运行结果如图 3-16 所示。

图 3-16　continue 语句的运行效果

综合举例

【例 3-1】编程实现对学生的百分制成绩进行等级划分。如果成绩为 90～100 分，输出"该成绩的等级为优"；如果成绩为 80～89 分，输出的等级为"良"；如果成绩为 70～79 分，输出的等级为"中"；如果成绩为 60～69 分，输出的等级为"及格"；如果成绩在 60 分以下，输出的等级为"不及格"。

分析：这是典型的多分支问题。可以使用多分支 if-else if-else 结构或者 switch-case 结构。注意多分支 if 的条件的书写和 switch-case 的入口的构造。

定义学生成绩\$grade，使用多分支 if-else if-else 结构实现的代码如下：

```
<?php
    $grade = 75;
    echo "该成绩的等级为";
    if($grade >= 90){
    echo "优";
    }else if($grade >= 80) {
        echo "良";
}else if($grade >= 70) {
        echo "中";
    }else if($grade >= 60) {
        echo "及格";
    }else {
        echo "不及格";
    }
?>
```

使用 switch-case 结构实现的代码如下：

```
<?php
    $grade = 100;
    echo "该成绩的等级为";
switch((int)($grade/10)){
    case 10:
    case 9:
        echo "优";break;
```

```php
case 8:
    echo "良";break;
case 7:
    echo "中";break;
case 6:
    echo "及格";break;
default:
    echo "不及格";
}
?>
```

【例 3-2】利用循环编程实现输出菱形图案，如图 3-17 所示。

图 3-17　菱形图案

分析：这是一个菱形图案，每行的输出特点是，先打印空格，再打印星号(*)图案。寻找规律，使用循环嵌套。

方法一：先打印上面的 5 层，再打印下面的 4 层。每一层先打印空格，再打印星号（＊）。定义正三角的层数为$n，编写代码如下：

```php
<?php
$n=5;//层数
for($i=1;$i<=$n;$i++){//打印正三角形
for($j=1;$j<=$n-$i;$j++){
    echo " ";//打印空格
    }
for($k=1;$k<=($i-1)*2+1;$k++){
    echo "*";
}
echo "<br>";
}
for($i=$n-1;$i>=1;$i--){//打印倒三角形
for($j=1;$j<=$n-$i;$j++){
    echo " ";
}
for($k=1;$k<=($i-1)*2+1;$k++){
    echo "*";
}
echo "<br>";
```

```
    }
?>
```

说明：在网页上输出空格可以使用 echo " "。如果空格与字符不能对齐，可设置等宽字体，如 Courier New、幼圆等。可设置如下：

```
<div style="font-family:'Courier New'">
<?php
//PHP 代码
?>
</div>
```

方法二：利用图案相对于中间上下对称，使用绝对值函数 abs()辅助实现打印这个图案的源代码如下：

```
<div style="font-family:'幼圆'">
<?php
$n=-4;
for($i=$n;$i<=abs($n);$i++){
for($j=1;$j<=abs($i);$j++){
    echo " ";
    }
for($j=1;$j<=2*(abs($n)-abs($i))+1;$j++){
    echo "*";
}
echo "<br>";
}
?>
</div>
```

方法三：利用数学关系$|x|+|y|\leq k$，使用绝对值函数 abs()辅助实现打印这个图案的源代码如下：

```
<div style="font-family:'幼圆'">
<?php
$k=4;
for($x=-$k;$x<=$k;$x++){
for($y=-$k;$y<=$k;$y++)
    echo abs($x)+abs($y)<=$k?"*":" ";
echo "<br>";
}
?>
</div>
```

【例 3-3】输出九九乘法表，如图 3-18 所示。

1×1=1								
1×2=2	2×2=4							
1×3=3	2×3=6	3×3=9						
1×4=4	2×4=8	3×4=12	4×4=16					
1×5=5	2×5=10	3×5=15	4×5=20	5×5=25				
1×6=6	2×6=12	3×6=18	4×6=24	5×6=30	6×6=36			
1×7=7	2×7=14	3×7=21	4×7=28	5×7=35	6×7=42	7×7=49		
1×8=8	2×8=16	3×8=24	4×8=32	5×8=40	6×8=48	7×8=56	8×8=64	
1×9=9	2×9=18	3×9=27	4×9=36	5×9=45	6×9=54	7×9=63	8×9=72	9×9=81

图 3-18　九九乘法表

分析：九九乘法表的第一行输出 1 个式子，第二行输出 2 个式子，……，第九行输出 9 个式子。可以使用循环嵌套，外循环控制输出的行，内循环正好依靠外循环作为输出式子个数的边界条件。使用表格标签，编写代码如下所示：

```php
<?php
echo '<table border="1">';
for($i=1;$i<10;$i++){
    echo "<tr>";
    for($j=1;$j<=$i;$j++){
        echo '<td>'.$j.'×'.$i.' = '.$i*$j.'</td>';
    }
echo "</tr>";
}
echo '</table>';
?>
```

【例 3-4】输出 100 以内的素数。素数是指大于 1 的自然数中，除了 1 和它本身以外不再有其他因数，这样的数称为素数。要求：每输出 10 个素数换行。

分析：根据素数的概念，转化描述为：如果 n 是素数，是指 n 不能被 2 ~（k-1）之间（包括 2 和 k-1）的任何整数整除。所以只要从 2 ~（k-1）逐个相除，如果有一个数能被 k 整除，说明 k 不是素数；否则，k 是素数。编写代码如下所示：

```php
<?php
$num=0;
echo '100 以内的素数：'.'<br>';
for($n=2;$n<100;$n++){
$flag=1;
for($i=2;$i<=sqrt($n);$i++){
    if($n%$i==0){$flag=0;break;}
}
if($flag){
    $num++;
    echo $n.' ';
    if($num%10==0) echo '<br>';
```

```php
        }
    }
?>
```

判断素数时，循环比较的终止条件可以是 $n-1$，$n/2$、sqrt(n)等。显然，sqrt(n)的比较判断次数最少，程序运行效率最高。

【例 3-5】求 $n!$。例如 $n=5$，输出 5!。

分析：这是累乘求积的典型问题。例如，累乘的结果存入变量$fact 中，注意累乘的初始值置为 1。编写代码如下所示：

```php
<?php
$n=5;
$i=1;
$fact=1;
echo $n.'!=';
while($i<=$n){
$fact=$fact*$i;
$i++;
}
echo $fact;
?>
```

【例 3-6】猴子吃桃问题：猴子第 1 天摘下若干个桃子，当即吃了一半，还不过瘾，又多吃了一个；第 2 天早上又将剩下的桃子吃掉一半，又多吃了一个；以后每天早上都吃了前一天剩下的一半零一个。到第 10 天早上想再吃时，见只剩下一个桃子了。求第 1 天共摘了多少？

分析：这个问题倒过来想相对容易一些，第 10 天，有 1 个桃子，第 9 天有 2*(1+1)个桃子，第 8 天有 2*(2*(1+1)+1) 个桃子，以此类推。编写代码如下所示：

```php
<?php
$iDay=10;$iSum =1;//第 10 天
$iDay--;//其余 9 天
while($iDay>=1)
{
    $iSum=($iSum+1)*2;
    $iDay--;
}
echo "一共摘了".$iSum.'个桃子。';
?>
```

【例 3-7】百钱买百鸡问题。公鸡 5 元 1 只，母鸡 3 元 1 只，小鸡 1 元 3 只，100 元钱刚好买 100 只鸡，求公鸡、母鸡、小鸡各有几只？（这是我国古代数学家张丘建在《算经》一书中提出的数学问题：鸡翁一值钱五，鸡母一值钱三，鸡雏三值钱一。百钱买百鸡，问鸡翁、鸡母、鸡雏各几何？）

分析：这是使用穷举法的典型问题。如果列方程会发现有 3 个未知数却只能列出两个方程，这使得问题的求解变得困难。分析不难发现，每种鸡都有一个取值范围，例如公鸡数量的取值范围是 0～20，母鸡数量的取值范围是 0～33，小鸡的数量是 0～（100-公鸡数量-母鸡数量），使用嵌套循环和条件语句，逐个去试，满足条件"百钱买百鸡"的就是一组解，编写代码如下所示：

```php
<?php
$g=0;//公鸡
$m=0;//母鸡
$x=0;//小鸡
echo "公鸡,母鸡,小鸡".'<br>';
for($g=0;$g<=20;$g++)
for($m=0;$m<=33;$m++)
{
    $x=100-$g-$m;
    if($g*5+$m*3+$x/3==100 && $x%3==0)
        echo $g.' , ',$m.' , ',$x.'<br>';
}
?>
```

在 PHP 中，由于 $x/3 不会自动取整，因此 if 条件中的 $x%3==0 可不必使用。

项目练习

一、选择题

1. 以下代码运行的结果是(　　)。

```php
<?php if($i="") {echo "a";}else {echo "b";} ?>
```

A. a　　　　　　　　B. b　　　　C. 条件不足,无法确定　　D. 运行出错

2. 以下代码运行的结果是(　　)。

```php
<?php if ('1e3' == '1000') echo 'LOL';?>
```

A. 无任何输出结果　　B. LOL　　C. 不执行且报错　　D. 以上都不正确

3. 以下代码输出结果是(　　)。

```php
<?php
$x = -1; $y = 0;
if($x == -1)
if($x<0)
    $y=1;
else
    $y=0;
else
$y=-1;
echo "y=$y";
?>
```

A. y=0   B. y=1   C. y=-1   D. 以上都不正确

4. 以下代码输出结果是(   )。

```php
<?php
$a = 0;
switch ($a) {
    case $a >= 0:
    echo 0;
    break;
    case $a >= 10:
    echo 1;
    break;
    default:
    echo 2;
    break;
}
exit();
?>
```

A. 1   B. 2   C. false   D. true

5. 语句 for($k=0;$k=1; $k++);和语句 for($k=0; $k==1; $k++);执行的次数分别是(   )。

A. 无限和 0   B. 0 和无限   C. 都是无限   D. 都是 0

二、程序分析题

1. 以下程序的输出结果是_____。

```php
<?php
$a=0;
$b=0;
if($a=$b)
    $b=5;
echo $b;
?>
```

2. 以下程序的输出结果是_____。

```php
<?php
for($i=1;$i<13;$i++)
{
if($i<10)
    echo '0'.$i.'月  ';
else
    echo $i.'月  ';
if($i%4==0) echo'<br>';
}
?>
```

3. 以下程序的输出结果是＿＿＿＿＿＿＿＿。

```php
<?php
for($i=1;$i<=5;$i++)
{
    for($j=1;$j<=$i;$j++)
        echo '*';
    echo'<br>';
}
?>
```

4. 以下程序的输出结果是＿＿＿＿＿＿＿＿。

```php
<?php
$i=1;
for(;;)
{
    if($i>10) break;
    echo $i++." ";
}
?>
```

5. 以下程序的输出结果是＿＿＿＿＿＿＿＿。

```php
<?php
$x=-1;$y=0;
if($x>-1)
        if($x<0)
                $y=1;
else
        $y=-1;
echo "y=$y";
?>
```

三、编程题

1. 有一分数序列：2/1, 3/2, 5/3, 8/5, 13/8, 21/13⋯。编写 PHP 程序，求出这个数列的前 20 项之和（注意分子和分母的变化规律）。

2. 将 1980—2020 年间的所有闰年打印输出。闰年则应符合以下两个条件之一：

（1）能被 4 整除，但不能被 100 整除；

（2）能被 400 整除。

3. 输出 1000 以内的完全数。一个自然数如果它的所有真因子（即除了自身以外的约数）的和等于该数，那么这个数就是完全数，也称为完数。注意：1 不是完数。例如，6 的真因子有 1、2、3，且 6=1+2+3，所以 6 是一个完全数。

4. 卖西瓜。有 1 020 个西瓜，第一天卖一半多两个，以后每天卖剩下的一半多两个，问几天以后能卖完？

5. 输出斐波那契数列的前 20 项。斐波那契数列指的是这样一个数列：1、1、2、3、5、8、

13、21、…，斐波那契数列可以递归的定义：$F_0=0$，$F_1=1$，$F_n=F_{n-1}+F_{n-2}$（F_0 表示第 0 项，F_1 表示第 1 项，以此类推，n 为大于等于 2 的自然数），也就是说，斐波那契数列由 0 和 1 开始，之后的斐波那契数列就由之前的两数相加。

6. 鸡兔同笼。有若干只鸡兔同在一个笼子里，从上面数，有 35 个头，从下面数，有 94 只脚，问笼中各有多少只鸡和兔？（鸡兔同笼是中国古代的数学名题之一。大约在公元 5 世纪，《孙子算经》中就记载了这个有趣的问题。书中是这样叙述的：今有雉兔同笼，上有三十五头，下有九十四足，问雉兔各几何？）

7. 赔鸡蛋钱。一个人很倒霉，不小心打碎了一位商贩的一篮子鸡蛋。为了赔偿便询问篮子里有多少鸡蛋。那商贩说，他也不清楚。只记得每次拿 2 个则剩 1 个，每次拿 3 个则剩 2 个，每次拿 5 个则剩 4 个，若 1 个鸡蛋 1.2 元，请你帮忙计算应赔偿多少钱？

8. 企业根据利润提成发放奖金。利润（Profit）低于或等于 10 万元时，奖金可提 10%；利润高于 10 万元，低于 20 万元时，低于 10 万元的部分按 10%提成，高于 10 万元的部分，可提成 7.5%；以此类推，利润在 20 万到 40 万之间时，高于 20 万元的部分，可提成 5%；高于 40 万元的部分，可提成 1%。假设当月利润 Profit=351357 元，求应发放奖金总数？

项目四　PHP 函数

【学习目标】

（1）掌握常用的类型判断函数、字符串函数、日期时间函数、数学函数以及目录文件函数等；

（2）掌握函数定义、调用、参数传递；

（3）掌握函数中变量的作用域。

【能解决的问题】

（1）能掌握 PHP 中各种函数的定义、运用；

（2）能完成 PHP 函数程序的编码；

（3）能灵活运用 PHP 函数达到高效地开发程序。

当程序中需要使用某个功能模块时，可以考虑将其定义成函数，并在需要该功能的地方调用函数即可。特别是对于需要多次使用的程序段，将其定义成函数，既可以减少写代码的工作量，又方便以后的维护。

本项目首先讲解 PHP 预定义的库函数的使用，然后讲解自定义函数的使用，最后通过案例来综合应用自定义函数和库函数。通过理论配合实例练习进行任务驱动学习，使读者掌握常用的库函数和自定义函数来解决问题。

任务描述：实现超长文本的分页输出。输出页面显示形式如图 4-1 所示。

图 4-1　超长文本的分页显示效果

任务分析：通过使用库函数和自定义函数实现对超过一页长度的文本进行分页输出。

模块一 类型判断及变量函数

在 PHP 中，变量的数据类型是在变量赋值的时候确定的。PHP 支持变量函数，即通过变量来调用不同的函数。

任务一 类型判断函数

PHP 提供了一组函数用于检测变量的数据类型是否是期望的数据类型，常用的数据类型检测函数如表 4-1 所示。

表 4-1 检测变量数据类型的函数

函数名称	函数功能	函数名称	函数功能
is_null()	检查变量是否是空类型	is_string()	检查变量是否是字符串类型
is_long(), is_int(), is_integer()	检查变量是否是整型	is_bool()	检查变量是否是布尔类型
is_double(), is_float() ,is_real()	检查变量是否是浮点型	is_object()	检查变量是否是对象类型
is_array()	检查变量是否是数组类型	is_nan ()	检查变量是否为合法数值
is_resource();	检查变量是否是资源类型	is_numeric()	检查是否为数字或数字字符串

如果待检测的变量是期望的类型，检测函数返回 true，否则返回 false，下面举例说明检测函数的使用方法：

```php
<?php
$a=null;
echo '检查是否为空类型:'.is_null($a).'<br>';
$b=2.78;
echo '检查是否为整数类型:'.is_int($b).'<br>';
echo '检查是否为实数类型:'.is_double($b).'<br>';
$c = "red";
echo '检查是否为字符串类型:'.is_string($c).'<br>';
var_dump(is_string($c));
echo '<br>';
var_dump($c);//输出变量的类型和值

?>
```

程序运行结果如图 4-2 所示。

检查是否为空类型:1
检查是否为整数类型:
bool(false)
检查是否为实数类型:1
检查是否为字符串类型:1
bool(true)
string(3) "red"

图 4-2　检测变量的数据类型

在这个示例中，可以看到检测函数有一个统一的命名规范，都是 is_*()的形式，*代表期望的检测类型，如果符合期望类型，则返回 true，输出时用 1 表示；不符合期望类型，则返回 false，输出时用空表示，也就是什么也没输出。如果要快速查看变量的类型，可用函数 var_dump()打印出变量的类型和值。

任务二　变量函数与变量相关的常用函数

PHP 支持变量函数，先定义一些函数，再声明一个变量，将函数名作为字符串赋值给变量，这样可以使用变量来调用不同的函数。下面通过一个实例来介绍变量函数的具体使用方法，代码如下所示：

```php
<?php
function open(){
    echo "门开了<br>";
}
function go($name="Tom"){
    echo "{$name}出门了<br>";
}
function back($str){
    echo "进门了$str<br>";
}
$func = "open";          //声明一个变量并赋值
$func();                 //使用变量函数来调用函数 come()
$func = "go";            //重新给变量赋值
$func("Jerry");          //使用变量函数来调用函数 go()
$func = "back";          //重新给变量赋值
$func("Jerry");          //使用变量函数来调用函数 back()
?>
```

程序运行结果如图 4-3 所示。

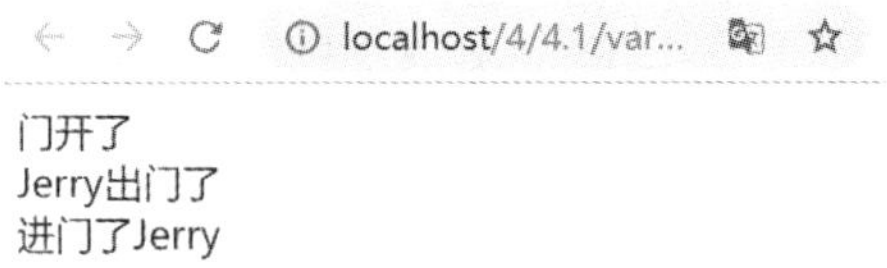

门开了
Jerry出门了
进门了Jerry

图 4-3 变量函数的运行效果

在这个例子中首先定义 3 个函数，接着声明一个变量并不断地给变量赋值，然后通过变量函数来访问这 3 个不同的函数。

与变量相关的常用函数如表 4-2 所示。

表 4-2 与变量相关的常用函数

函数名称	函数功能
void var_dump(mixed $expression[,mixed $...])	打印变量的相关信息，包括类型与值
bool print_r(mixed $expression[, bool $return])	打印关于变量的易于理解的信息。如果给出的是 string、integer 或 float，将打印变量值本身；如果给出的是 array，将会按照一定格式显示键和元素
bool isset (mixed $var [, mixed $...])	检测变量是否设置。如果变量存在并且值不是 NULL，则返回 true，否则返回 false。
void unset (mixed $var [, mixed $...])	释放给定的变量。注意：没有返回值。
bool empty (mixed $var)	检查一个变量是否为空。如果变量是非空或非零的值，则 empty()返回 false。换句话说，""、0、"0"、NULL、false、array()、var $var 以及没有任何属性的对象都将被认为是空的。如果变量为空，则返回 true
string gettype (mixed $var)	获取变量的类型。建议使用 is_* 函数来测试类型

在后面的例子中会使用到这些与变量相关的常用函数。

模块二　常用字符串函数

为了方便处理字符串，系统提供了许多与字符串操作相关的内置函数。

任务一　explode()函数与 implode()函数

explode()函数用于分隔字符串，implode()函数用于拼接字符串。

一、explode()函数

explode()函数用于分隔字符串，声明如下：

array explode(string $separator,string $str[,int $limit])

在声明中，array 表示数组类型，它是 explode()函数的返回值类型，参数$separator 表示用于分隔字符串的分隔符，参数$str 表示要分隔的字符串，参数$limit 是可选的，用于表示返回的数组中最多可包含 limit 个元素。如果在调用 explode()函数中设置了参数$limit，$limit 有 3 种取值情况：

（1）如果参数$limit 是正数，则返回的数组中包含最多 limit 个元素，而最后那个元素将包含$str 的剩余部分。

（2）如果参数$limit 是负数，则返回除了最后的 limit 个元素外的所有元素。

（3）如果参数$limit 是 0，则它会被当作 1。

举例说明 explode()函数的使用，代码如下：

```php
<?php
echo '<pre>';
$str   =  'one|two|three|four' ;
 // 不设置第三个参数 limit
print_r ( explode ( '|' ,   $str ));
 // 正数的 limit
print_r ( explode ( '|' ,   $str ,   2 ));
 // 负数的 limit（自 PHP 5.1 起）
print_r ( explode ( '|' ,   $str , - 1 ));
echo '</pre>';
?>
```

程序运行结果如图 4-4 所示。

图 4-4 explode()函数的使用运行结果

二、implode()函数

implode()函数用于拼接字符串，声明如下：

string implode(string $glue,array $arr)

在声明中，函数名前的 string 表示函数的返回值类型是字符串类型，参数$arr 表示待合并的数组，参数$glue 表示用于连接数组元素的连接符。

举例说明 implode()函数的使用，代码如下：

```php
<?php
$arr1 = ['one','two','three','four'];
$fields = implode('|',$arr1);
print_r($fields);
?>
```

程序运行结果如图 4-5 所示。

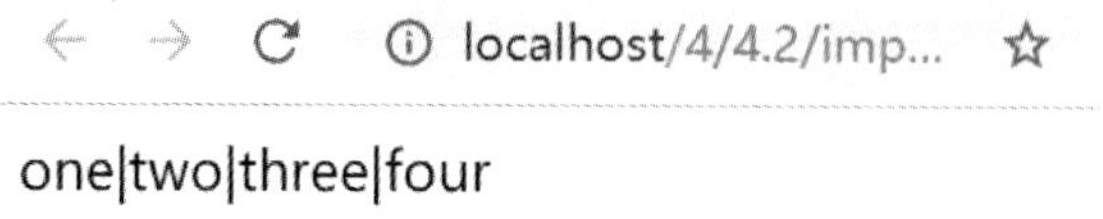

one|two|three|four

图 4-5　implode()函数的使用运行结果

任务二　strlen()函数与 trim()函数

strlen()函数用来求字符串的长度，trim()函数用于去除首尾空白字符。

一、strlen()函数

strlen()函数用来求字符串的长度，声明如下：

int strlen(string $str)

在声明中，int 表示 strlen()函数的返回值类型是整数类型，参数$str 用于表示待获取长度的字符串。

举例说明 strlen()函数的使用，代码如下：

```php
<?php
echo    strlen ( null );   // 0
$str    =    'abcdef' ;
echo    strlen ( $str );   // 6
$str    =    ' ab cd ' ;
echo    strlen ( $str );   // 7
echo    strlen ( '你好' ); // 6
?>
```

程序运行结果如图 4-6 所示。

0676

图 4-6　strlen()函数的使用运行结果

可见，null 常量的长度为 0；一个 ASCII 字符的长度为 1；一个空格的长度为 1；一个汉字的长度为 3。

二、trim()函数

trim()函数用于去除首尾空白字符，声明如下：

string trim (string $str [, string $charlist = " \t\n\r\0\x0B"])

在声明中，函数名前的 string 表示函数的返回值类型是字符串类型，参数$str 用于表示待处理的字符串，参数$charlist 是可选的，在调用函数时，若指定了$charlist，则函数会从字符串首尾去除$charlist 指定的字符，若没有指定$charlist，则函数会从字符串首尾去除空白字符。

举例说明 trim()函数的使用，代码如下：

```php
<?php
$str = ' abcd ' ;
echo strlen ( $str );        // 6
echo strlen ( trim($str) );// 4
?>
```

程序运行结果如图 4-7 所示。

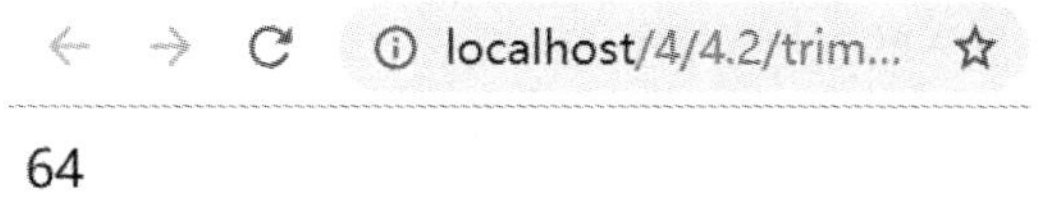

64

图 4-7 trim()函数的使用运行结果

在 PHP 中，不仅空格是空白字符，trim()函数默认去除的字符包括如下这些字符：

" " (ASCII 32, 0x20)，普通空格符。

"\t" (ASCII 9, 0x09)，制表符。

"\n" (ASCII 10, 0x0A)，换行符。

"\r" (ASCII 13, 0x0D)，回车符。

"\0" (ASCII 0, 0x00)，空字节符。

"\x0B" (ASCII 11, 0x0B)，垂直制表符。

任务三 substr()函数与 strpos()函数

substr()函数用于获取字符串的一部分，即获取子串。类似的函数还有 strstr()等。strpos()函数用于查找字符串首次出现的位置。类似地函数还有 strrpos()等。

常见的获取子串和字符串中位置的函数，如表 4-3 所示。

表 4-3 常见的获取子串和字符串中位置的函数

函数声明	功能描述
string substr (string $string , int $start [, int $length])	返回由 start 和 length 参数指定的子串
string strstr (string $haystack, mixed $needle [, bool $before_needle = false])	返回从 needle 第一次出现的位置开始到结尾的子串

函数声明	功能描述
mixed strpos (string $haystack, mixed $needle [, int $offset=0])	返回字符串在目标字符串中首次出现的数字位置
int strrpos (string $haystack, string $needle [, int $offset = 0])	返回字符串在目标字符串中最后一次出现的位置

举例说明 substr()、strrpos()函数的使用，代码如下：

```php
<?php
$filePath = 'D:\www\images\logo.gif';
$ext = substr($filePath , strrpos($filePath , '.'));
echo $ext;

?>
```

程序运行结果如图 4-8 所示。

.gif

图 4-8　获取文件后缀的运行结果

任务四　str_replace()函数

str_replace()函数的作用是对字符串中的某些字符进行替换操作。函数声明如下：

mixed str_replace (mixed $search, mixed $replace, mixed $subject [, int &$count])

在声明中，$search 参数表示被替换掉的字符串，$replace 参数表示替换后的字符串，$subject 参数表示需要被操作的字符串，count()函数是用来统计$search 参数被替换的次数，它是一个可选参数，与其他函数参数不同的是，当完成 str_replace()函数的调用后，该参数还可以在函数外部直接被调用。

举例说明 str_replace()函数的使用，代码如下：

```php
<?php
$title = '我的主页';
$str = '欢迎访问{title}';
$result = str_replace('{title}',$title,$str);
echo $result;
?>
```

程序运行结果如图 4-9 所示。

欢迎访问我的主页

图 4-9　str_replace()函数使用的运行结果

注意：str_replace()函数将替换所有指定的字符串。如果要替换指定位置开始的字符串需要使用 substr_replace()函数，其函数说明如下：

mixed substr_replace(mixed $string, mixed $replacement, mixed $start [, mixed $length])

任务五　转换 HTML 中的特殊字符

当需要在网页上显示 HTML 标签时，需要将 HTML 中的特殊字符转换为 HTML 实体符号。这时需要使用 htmlspecialchars()函数。若要将特殊的 HTML 实体转换回普通的 HTML 标签字符，使用函数 htmlspecialchars_decode()。

htmlspecialchars()函数声明如下：

string htmlspecialchars (string $string [, int $flags = ENT_COMPAT | ENT_HTML401 [, string $encoding = 'UTF-8' [, bool $double_encode = true]]])

举例说明 htmlspecialchars()函数的使用，代码如下：

```php
<?php
$old = "<a href='test'>Test</a>";
echo $old;
echo '<br>';
$new = htmlspecialchars ( $old , ENT_QUOTES );
echo $new ;    // &lt;a href=&#039;test&#039;&gt;Test&lt;/a&gt;
echo '<br>';
echo htmlspecialchars_decode($new);
?>
```

程序运行结果如图 4-10 所示。

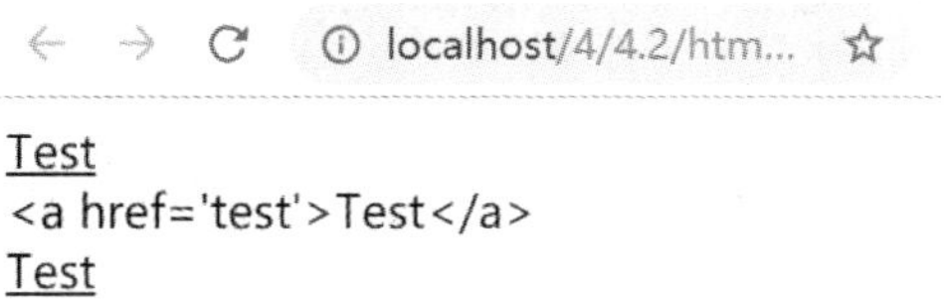

图 4-10　htmlspecialchars()函数使用的运行结果

使用 htmlspecialchars()函数，转换特殊的 HTML 字符以及对应的实体符号如下：

（1）&(and 符号)对应的实体符号是"&"。

（2）"(双引号)对应的实体符号是"""，当第 2 个参数没有被设置为 ENT_NOQUOTES 时，双引号（"）将会被转换为 HTML 实体符号"" "。

（3）'(单引号)对应的实体符号是"'"(或')，当第 2 个参数被设置为 ENT_QUOTES 时，单引号（'）将会被转换为 HTML 实体符号"' "(或')。

（4）<（小于号）对应的实体符号是"< "。

（5）>（大于号）对应的实体符号是"> "。

任务六　md5()和 sha1()加密函数

当需要对字符串加密时，可以使用 md5()、sha1()函数。

md5()函数用于计算字符串的 md5 散列值，声明如下：

string md5 (string $str)

其中，str 为待加密的字符串，函数返回 32 个字符的十六进制数字。

sha1()用于计算字符串的 sha1 散列值，声明如下：

string sha1 (string $str)

其中，str 为待加密的字符串，函数返回 40 个字符的十六进制数字。

举例说明 md5()和 sha1()函数的使用，代码如下：

```
<?php
$name='admin';
echo md5($name);
echo '<br>';
echo sha1($name);
echo '<br>';
?>
```

程序运行结果如图 4-11 所示。

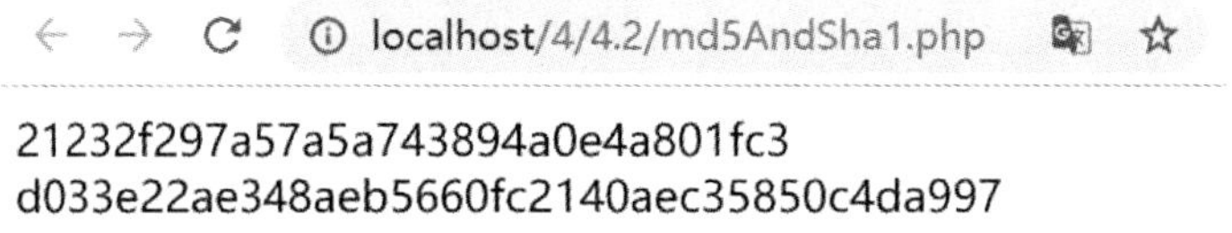
localhost/4/4.2/md5AndSha1.php
21232f297a57a5a743894a0e4a801fc3
d033e22ae348aeb5660fc2140aec35850c4da997

图 4-11　md5()和 sha1()函数的使用

模块三　PHP 常用日期时间函数

任务一　时区设置

获取时间的常用函数有 time()、date()等函数。函数声明如表 4-4 所示。

表 4-4　常用日期时间函数

函数声明	功能描述
int time (void)	返回当前的 Unix 时间戳，即格林尼治时间 1970 年 1 月 1 日 00:00:00 到当前时间的秒数
string date (string $format [, int $timestamp])	返回将整数 timestamp 按照给定的格式字串而产生的字符串。如果没有给出时间戳则使用本地当前时间。换句话说，timestamp 是可选的，默认值为 time()

函数声明	功能描述
mixed microtime ([bool $get_as_float])	如果调用时不带可选参数,本函数以 "msec sec" 的格式返回一个字符串,是当前 Unix 时间戳以及微秒数。如果给出参数 true,将返回一个浮点数
int strtotime (string $time [, int $now = time()])	函数接收一个包含英语日期格式的字符串并尝试将其解析为 Unix 时间戳,其值相对于 now 参数给出的时间,如果没有提供此参数则用系统当前时间

时间戳是一个长整数,包含了从 Unix 纪元(1970 年 1 月 1 日 00:00:00)到给定时间的秒数。举例说明日期时间函数的使用,代码如下:

```php
<?php
date_default_timezone_set ( 'Asia/Chongqing' );
echo time();
echo '<br>';
echo microtime();
echo '<br>';
echo strtotime('now');
echo '<br>';
echo strtotime('+1 day');
echo '<br>';
echo date('Y-m-d',time());
echo '<br>';
echo date('Y-m-d',strtotime('now'));
echo '<br>';
echo date('Y-m-d',strtotime('+1 day'));
?>
```

程序运行结果如图 4-12 所示。

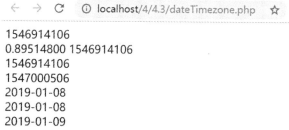

图 4-12　日期时间函数使用的运行结果

从程序运行结果可以看出,time()函数的输出结果为一个时间戳,即一个很大的整数,为了方便看出时间,可用 date()函数格式化后输出。PHP 默认输出的时间是 UTC(世界标准时间)时间,与英国伦敦的本地时间相同。而我们常常需要使用北京时间,这时就需要修改默认的时区设置,通常有两种修改方式。

（1）修改 PHP 配置文件。这需要有配置服务器文件 php.ini 的权限。例如修改 date.timezone 的值为 PRC（中华人民共和国），修改配置如下所示：

date.timezone=PRC

修改配置文件后，保存配置文件，重启服务器生效。

（2）在程序中使用函数配置。使用函数 date_default_timezone_set ()设定用于一个脚本中所有日期时间函数的默认时区，例如设置为重庆时区，代码如下所示：

date_default_timezone_set ('Asia/Chongqing');

通过上面的设置后，就可以准确的输出本地时区的当前时间。

任务二　格式化输出时间

date()函数可以格式化一个本地时间，函数的第 2 个参数 timestamp 以整数的形式给出要输出的时间，参数 timestamp 可以是函数 strtotime()、time()等；而时间的具体的输出格式由第 1 个参数 format 以字符串的形式给出，如表 4-5 所示。

表 4-5　date()函数常用的 format 格式字符

format 字符	说　　明	返回值例子
日		
d	月份中的第几天，有前导零的 2 位数字	01 到 31
D	星期中的第几天，文本表示，3 个字母	Mon 到 Sun
j	月份中的第几天，没有前导零	1 到 31
1（"L"的小写）	星期几，完整的文本格式	Sunday 到 Saturday
N	ISO-8601 格式数字表示的星期中的第几天	1（表示星期一）到 7（表示星期天）
S	每月天数后面的英文后缀，2 个字符	st, nd, rd 或者 th。可和 j 一起用
w	星期中的第几天，数字表示	0（表示星期天）到 6（表示星期六）
z	年份中的第几天	0 到 365
星期		
W	ISO-8601 格式年份中的第几周，每周从星期一开始	例如：42（当年的第 42 周）
月		
F	月份，完整的文本格式，例如 January、March	January 到 December
m	数字表示的月份，有前导零	01 到 12
M	三个字母缩写表示的月份	Jan 到 Dec
n	数字表示的月份，没有前导零	1 到 12
t	指定的月份有几天	28 到 31
年		
L	是否为闰年	如果是闰年为 1，否则为 0
o	ISO-8601 格式年份数字	Examples: 1999 or 2003

format 字符	说　明	返回值例子
Y	4 位数字完整表示的年份	例如：1999 或 2003
y	2 位数字表示的年份	例如：99 或 03
	时间	
a	小写的上午和下午值	am 或 pm
A	大写的上午和下午值	AM 或 PM
B	Swatch Internet 标准时	000 到 999
g	小时，12 小时格式，没有前导零	1 到 12
G	小时，24 小时格式，没有前导零	0 到 23
h	小时，12 小时格式，有前导零	01 到 12
H	小时，24 小时格式，有前导零	00 到 23
i	有前导零的分钟数	00 到 59
s	秒数，有前导零	00 到 59

格式字串中不能被识别的字符将原样显示。举例说明 date()函数的格式字符的使用，代码如下：

```php
<?php
date_default_timezone_set ( 'Asia/Chongqing' );
echo date('Y-m-d H:i:s',time());
echo '<br>';
echo date('Y-n-j',time());
echo '<br>';
echo date('Y 年 n 月 j 日',time());
?>
```

程序运行结果如图 4-13 所示。

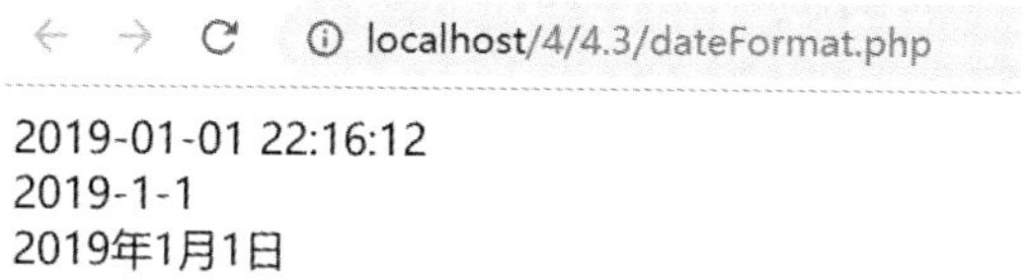

图 4-13　date()函数的格式字符使用的运行结果

模块四　PHP 常用数学函数

PHP 常用的数学函数如表 4-6 所示。

表 4-6 常用的数学函数

函数声明	功能描述
number abs (mixed $number)	返回参数 number 的绝对值
float sqrt (float $arg)	返回 arg 的平方根
float round (float $val [, int $precision = 0])	返回将 val 根据指定精度 precision（十进制小数点后数字的数目）进行四舍五入的结果
float ceil (float $value)	返回不小于 value 的下一个整数，即向上取整
float floor (float $value)	返回不大于 value 的最接近的整数，即向下取整
number pow (number $base, number $exp)	返回 base 的 exp 次方的幂
float exp (float $arg)	返回 e 的 arg 次方值
int rand ([int $min , int $max])	如果没有提供可选参数 min 和 max，返回 0 到 getrandmax()（例如 32 767）之间的伪随机整数
mixed max (mixed $value1, mixed $value2 [, mixed $...])	如果仅有一个参数且为数组，返回该数组中最大的值。如果第一个参数是整数、字符串或浮点数，则至少需要两个参数，返回这些值中最大的一个
mixed min (mixed $value1, mixed $value2 [, mixed $...])	如果仅有一个参数且为数组，返回该数组中最小的值。如果给出了两个或更多参数，会返回这些值中最小的一个

举例说明数学函数的使用，代码如下：

```php
<?php
echo    abs ( -1 ).'<br>';              // 1
echo    sqrt ( 2 ).'<br>';              // 1.414 213 562 373 1
echo    round ( 3.4 ).'<br>';           // 3
echo    round ( 3.5 ).'<br>';           // 4
echo    round ( 5.045 , 2 ).'<br>';     // 5.05
echo    ceil ( 3.4 ).'<br>';            //4
echo    floor( 3.4 ).'<br>';            //3
echo    (rand( )%10+1).'<br>';          //1 到 10 之间的随机数
?>
```

程序运行结果如图 4-14 所示。

```
1
1.4142135623731
3
4
5.05
4
3
7
```

图 4-14 数学函数使用的运行结果

模块五　PHP 包含文件函数、常用目录函数、文件操作函数

任务一　文件包含语句

通过 include 或 require 语句，可以将 PHP 文件的内容插入到使用 include 语句的文件中（在服务器执行它之前）。除了错误处理方面，include 和 require 语句是相同的。不同的是，当包含的文件不存在或产生错误时：

（1）require 会生成致命错误（E_COMPILE_ERROR）并停止脚本执行。

（2）include 只生成警告（E_WARNING）并且脚本会继续执行。

因此，如果希望即使包含文件已丢失，也要求 PHP 脚本继续执行，那么请使用 include。否则，请使用 require 向执行流引用关键文件。这有助于提高应用程序的安全性和完整性。

包含文件省去了大量的工作。可以为所有页面创建标准页头、页脚或者菜单文件。例如，在页头需要更新时，只需更新这个页头包含文件即可。

举例说明文件包含语句的使用，代码如下：

```php
<?php
$arr =['Tom','Jerry'];
define('APP','template');
require './list_html.php';
?>
```

其中 list_html.php 的代码如下：

```php
<?php
if(!defined('APP'))die('error');
if(!empty($arr)){
foreach($arr as $value){
    echo $value;
    echo '<br>';
}
}
?>
```

代码中的 die()函数与 exit()函数一样：输出一个消息并且退出当前脚本。程序运行结果如图 4-15 所示。

图 4-15　文件包含语句使用的运行结果

另外，还存在 include_once 语句、require_once 循环语句。include_once 语句在脚本执行期间包含并运行指定文件，此行为和 include 语句类似，唯一区别是如果该文件中已经被包含过，则不会被再次包含。include_once 可以用于在脚本执行期间同一个文件有可能被包含超过一次的情况下，确保它只被包含一次以避免函数重定义、变量重新赋值等问题。require_once 语句和 require 语句类似，唯一区别是 PHP 会检查该文件是否已经被包含过，如果是则不会再次包含。

include_once 语句和 require_once 语句的区别与 include 语句和 require 语句的区别完全相同。另外，有和没有"_once"的区别，如同语句名字暗示的那样，有"_once"的只会包含一次，没有"_once"的当遇到包含语句时，即便曾经包含过该文件，还是会再次包含该文件。

任务二　常用目录函数

在程序开发中，不仅需要对文件进行操作，而且还常需要对文件目录进行操作。例如解析目录、遍历目录、创建和删除目录等。

举例说明目录函数的使用，代码如下：

```php
<?php
$url = (isset($_SERVER['HTTPS']) && ($_SERVER['HTTPS'] == 'on')) ? 'https://' : 'http://';
$url .= $_SERVER['HTTP_HOST'] . dirname($_SERVER['PHP_SELF']);
echo $url;
echo '<br>--------------------<br>';
$path_parts = pathinfo ( '/www/htdocs/inc/lib.inc.php' );
echo    $path_parts [ 'dirname' ],    "<br>" ;
echo    $path_parts [ 'basename' ],    "<br>" ;
echo    $path_parts [ 'extension' ],    "<br>" ;
echo    $path_parts [ 'filename' ],    "<br>" ;
?>
```

程序运行结果如图 4-16 所示。

图 4-16　目录函数使用的运行结果

在 PHP 中操作文件目录的常用函数，如表 4-7、表 4-8、表 4-9 所示。

表 4-7 解析目录函数

表 4-7 解析目录函数

函数声明	功能描述
string basename (string $path [, string $suffix])	返回路径中的文件名部分
string dirname (string $path)	返回去掉文件名后的目录名
mixed pathinfo (string $path [, int $options])	以数组的形式返回文件路径的信息

表 4-8 遍历目录函数

函数声明	功能描述
resource opendir (string $path [, resource $context])	打开一个目录句柄
string readdir ([resource $dir_handle])	从目录句柄中读取条目
void closedir (resource $dir_handle)	关闭目录句柄
void rewinddir (resource $dir_handle)	将 dir_handle 指定的目录流重置到目录的开头

表 4-9 创建和删除目录函数

函数声明	功能描述
bool mkdir (string $pathname [, int $mode [, bool $recursive = false [, resource $context]]])	尝试新建一个由 pathname 指定的目录
bool rmdir (string $dirname [, resource $context])	尝试删除 dirname 所指定的目录。该目录必须是空的，而且要有相应的权限

任务三 文件操作函数

在程序开发过程中，经常会涉及文件的操作，例如打开、关闭、创建、删除等。
举例说明文件操作函数的使用，代码如下：

```php
<?php
$filePath = 'D:\abc.txt';
if( !@$fh = fopen($filePath, 'w+') ) {
    die("文件打开失败");
}
$contents='欢迎使用 PHP！';
fwrite($fh, $contents);                    //向文件中写内容
fseek($fh, 0);                             //将文件内部指针移到文件开头
$contents = fread($fh, filesize($filePath)); //从文件中读内容
echo $contents;
fclose($fh);
?>
```

程序运行结果如图 4-17 所示。同时，在 D 盘上会生成一个名为 abc.txt 的文件，文件中的内容为"欢迎使用 PHP！"。

欢迎使用PHP!

图 4-17 文件操作函数使用的运行结果

PHP 提供了很多与文件相关的标准函数用于完成文件的操作，如表 4-10、表 4-11、表 4-12、表 4-13、表 4-14 所示。

表 4-10　打开和关闭文件函数

函数声明	功能描述
resource fopen (string $filename , string $mode [, bool $use_include_path = false [, resource $context]])	打开文件
bool fclose (resource $handle)	关闭文件

表 4-11　打开文件模式

模　式	说　明
'r'	只读方式打开，将文件指针指向文件头
'r+'	读写方式打开，将文件指针指向文件头
'w'	写入方式打开，将文件指针指向文件头并将文件大小截为零。如果文件不存在则尝试创建之
'w+'	读写方式打开，将文件指针指向文件头并将文件大小截为零。如果文件不存在则尝试创建之
'a'	写入方式打开，将文件指针指向文件末尾。如果文件不存在则尝试创建之
'a+'	读写方式打开，将文件指针指向文件末尾。如果文件不存在则尝试创建之
'x'	创建并以写入方式打开，将文件指针指向文件头。如果文件已存在，则 fopen() 调用失败并返回 FALSE，并生成一条 E_WARNING 级别的错误信息。如果文件不存在则尝试创建之
'x+'	创建并以读写方式打开，其他的行为和 'x' 一样

表 4-12　读取文件函数

函数声明	功能描述
string fread (resource $handle , int $length)	在打开的文件中读取指定长度的字符串
string fgetc(resource $handle)	在打开的文件中读取一个字符
string fgets(int $handle [, int $length])	在打开的文件中读取一行
string file_get_contents (string $filename [, bool $use_include_path = false [, resource $context [, int $offset = -1 [, int $maxlen]]]])	将文件的内容全部读取到一个字符串中
array file (string $filename [, int $use_include_path [, resource $context]])	将整个文件读入到数组中

表 4-13　写入文件函数

函数声明	功能描述
int fwrite(resource $handle , string $string [, int $length])	写入文件
int file_put_contents(string $filename , string $data [, int $flags [, resource $context]])	将一个字符串写入文件。和依次调用 fopen()，fwrite() 以及 fclose()功能一样。

表 4-14　文件复制、重命名和删除文件函数

函数声明	功能描述
bool copy(string $source , string $dest)	拷贝文件
bool rename(string $oldname , string $newname [, resource $context])	重命名文件
bool unlink(string $filename)	删除文件

模块六　PHP 自定义函数

在程序开发中，经常需要反复使用某些功能，为了方便代码的维护和管理，将实现特定功能的代码段定义成函数，在需要该功能的地方调用即可。

任务一　自定义函数及调用

在 PHP 中，使用关键字 function 定义函数，函数定义的语法格式如下：

function 函数名（[参数 1，参数 2，…]）

{

　　函数体

}

从语法格式中可以看出，函数的定义由函数头和函数体构成。函数头包括关键字"function"、符合标识符命名规则的"函数名"和形参表"([参数 1，参数 2…])"三部分组成，关于这几部分说明如下：

（1）function：在声明函数时必须使用的关键字。

（2）函数名：创建函数的名称，是有效的 PHP 标识符，函数名是唯一的。函数名不区分大小写，可以使用小驼峰命名法，例如 getMsg()。在开发实践中，函数名的命名规范要遵循开发小组的约定。

（3）([参数 1，参数 2，…])：接收外界传递给函数的值，它是可选的，当有多个参数时，各参数用"，"分隔；当没有参数时，一对圆括号( )不能省略。

（4）函数体：函数定义的主体，专门用于实现特定的功能。如果希望函数执行后返回处理的结果，需要在函数体中使用"return 表达式；"语句。

要得到函数的功能，需要调用函数，函数调用的语法格式如下：

函数名([参数 1，参数 2……])

举例说明自定义函数的使用，代码如下：

```php
<?php
function getMax($a,$b){
return $a>$b?$a:$b;
}
echo getMax(3,5);
?>
```

程序运行结果如图 4-18 所示。

图 4-18　自定义函数使用的运行结果

任务二　在函数间传递参数

PHP 支持按值传递参数（默认）、通过引用传递参数以及默认参数。

一、按值传递参数

举例说明按值传递参数的使用，代码如下：

```php
<?php
function swap($a,$b){
$temp=$a;$a=$b;$b=$temp;
}
$x=100;
$y=200;
swap($x,$y);
echo '$x='.$x,',$y='.$y;
?>
```

程序运行结果如图 4-19 所示。

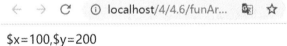

图 4-19　使用按值传递参数的运行结果

从输出结果可以看出，使用按值传递参数，调用函数 swap( )后，实参$x，$y 的值没有改变。函数参数通过值传递时，即使在函数内部改变了形参的值，但它并不会改变函数外部实参的值。

二、引用传递参数

举例说明引用传递参数的使用，代码如下：

```php
<?php
function swap(&$a,&$b){
$temp=$a;$a=$b;$b=$temp;
}
$x=100;
$y=200;
```

```
swap($x,$y);
echo '$x='.$x,',$y='.$y;
?>
```
程序运行结果如图 4-20 所示。

$x=200,$y=100

图 4-20   使用引用传递参数的运行结果

从输出结果可以看出，使用引用传递参数，调用函数 swap( )后，实参$x，$y 的值已经改变。注意，函数定义中使用引用传递参数时，需要在形式参数前加引用符号&。

三、默认参数

举例说明默认参数的使用，代码如下：
```
<?php
function add($a,$b=0,$c=0){
return $a+$b+$c;
}
echo add(1).'<br>';
echo add(1,2).'<br>';
echo add(1,2,3).'<br>';
?>
```
程序运行结果如图 4-21 所示。

```
1
3
6
```

图 4-21   默认参数使用的运行结果

在参数传递时，实参与形参从左向右匹配，当没有实参传递给形参时，使用形参默认值。注意当使用默认参数时，任何默认参数必须放在任何非默认参数的右侧。默认值必须是常量表达式。

任务三   函数中变量的作用域

在变量起作用的范围内才可以使用该变量，这个作用范围称为变量的作用域。根据变量定义的位置和说明的方式可以分为局部变量、全局变量和静态变量。在函数中定义的变量，只在这个函数中起作用，称为局部变量；在函数外定义的变量，称为全局变量。在 PHP 中，若要全局变量在函数内部起作用，需要在这个函数中使用关键字 global 进行说明后再使用，或者通过$GLOBALS 数组来使用。使用关键字 static 修饰的变量称为静态变量，函数中的静态变量能够保持上次函数调用后的值，从而延长函数内部变量的生存期。

举例说明在函数内部使用函数外部的变量，代码如下：

```php
<?php
$a=100;
$b=200;
function test(){
    $a=300;
    echo $GLOBALS["a"];
    global $b;
    $b=400;
}
test();
echo '<br>';
echo $a;
echo '<br>';
echo $b;
?>
```

程序运行结果如图 4-22 所示。

图 4-22　在函数内部使用函数外部的变量的运行结果

从程序中可见，在函数内部使用函数外定义的变量时，需要在函数内部使用关键字 global 说明变量，或是使用$GLOBALS["变量名"]方式。$GLOBALS 数组是一个包含了全部变量的全局数组，变量的名字就是数组的键。即便是在函数外使用 global 说明的变量，要想在函数内部起作用，也必须再次使用 global 说明。

函数内部声明的 static 变量作用域范围仍在该函数内部，与普通局部变量的生存期不同。普通局部变量离开函数作用域后，将释放所占存储空间，从而生存期结束；函数中定义的静态变量却能够保持上次函数调用后的值，直到文件运行结束，才释放所占存储空间，此时才生存期结束。

任务四　对函数的引用

函数间参数传递中的按引用传递的方式可以修改实参的内容。引用不仅可以用于普通变量、函数的参数，可也以用于函数本身。对函数的引用，就是对函数返回结果的引用。

函数的引用的示例代码如下所示：

```php
<?php
$color = "red"; //全局变量
function &test(){
global $color; //声明使用的变量$color 为全局变量
    return $color;
}
$str1 = &test();    //将函数的引用赋值给$str1
echo $str1." "; //red
$color = "pink";
echo $str1." "; //pink
$str1 = "green";
echo $color."<br>"; //green
echo "----------"."<br>";
$color = "red";
$str2 = test();       //将函数返回值赋值给$str2
echo $str2." ";
$color = "pink";
echo $str2."<br>";
?>
```

程序运行结果如图 4-23 所示。

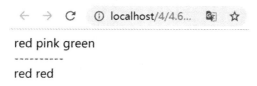

图 4-23   对函数的引用运行结果

定义函数的引用时，在函数名前要写"&"符号，调用函数的引用时，也要使用"&"符号，用来说明返回的是一个引用。简言之，函数的引用必须在函数定义和调用两个地方都使用"&"符号。注意与函数的引用参数传递时，对"&"符号的书写位置要求的区别。

通过"$str1 = &test();"这种方式（注意：函数名前有"&"符号）调用函数，作用是变量$str1 的内存地址指向函数 test()中的返回语句"return $color;"中的变量$color 的内存空间。换言之，引用使得$str1 与$color 指向同一片内存空间。所以当$color 的值改变时，$str1 的值也随之改变，反之也是如此。

通过"$str2 = test();"这种方式（注意：函数名前没有"&"符号）调用函数，作用是普通的函数调用：变量$str2 的内存地址与函数 test()中的返回语句"return $color;"中的变量$color 的内存地址不同。换言之，普通函数调用使得$str2 与$color 指向不同的内存空间。所以当$color 的值改变时，不改变$str2 的值，反之也是如此。

任务五　函数引用的取消

当在实际操作中不需要引用时，可以取消函数引用。取消引用使用 unset() 函数，它的作用是断开变量名和变量所指的内存空间之间的绑定，而不是销毁变量的内存空间。

取消函数引用与取消变量引用相同。举例说明取消函数引用，代码如下所示：

```php
<?php
 $color = "red";
 function &test(){
global $color;
     return $color;
 }
 $str1 = &test();
 echo $str1."<br>";
 unset($str1);
 @var_dump($str1);//$str1 变为未定义变量（Undefined variable），类型为 NULL
 echo "<br>".$color."<br>";
?>
```

程序运行结果如图 4-24 所示。

```
←  →  C   ⓘ localhost/4/4.6/funcReferCancel.php

red
NULL
red
```

图 4-24　取消函数引用的运行结果

在程序中，首先定义了一个函数引用&test()和一个变量引用$str1，输出变量引用$str1 后取消变量引用$str1，再次输出变量引用$str1 和原变量$color。运行程序可以看到，取消变量引用$str1 后对原变量$color 没有任何影响。在取消引用语句"unset($str1);"之后，若用"var_dump($str1);"测试输出，可知$str1 变为未定义变量（Undefined variable），类型为 NULL。使用"@var_dump($str1); "可以抑制错误信息输出。

在本项目开始提出的任务中，要求实现超长文本的分页输出，具体操作步骤如下：

步骤 1：在 F:\yuanma\4\mainTasks 目录下创建页面 index.php，用 VS Code 软件打开该页面后，编写网页页面布局和 PHP 代码。核心 PHP 代码如下：

```php
<?php
//读取文本中的文件，实现超长文本的分页输出
if($_GET['page']){
    $counter=file_get_contents("file.txt"); //读取文本文件
    $length=strlen($counter);//计算文本长度
    $page_count=ceil($length/1000);   //分页每页显示 1000 字节，ceil( )向上取整
```

```
        $c=msubstr($counter,0,($_GET['page']-1)*1000);//计算上一页的子串
        $c1=msubstr($counter,0,$_GET['page']*1000);//计算下一页的子串
        echo substr($c1,strlen($c),strlen($c1)-strlen($c));//获取当前的子串
    }
?>
```

步骤 2：在 F:\yuanma\4\mainTasks 目录下创建页面 function.php，用 VS Code 软件打开该页面后，编写 PHP 代码如下：

```
<?php
//函数 msubstr($str,$start,$len)
//功能：用于截取一段字符串
//参数$str：被截取的源字符串
//参数$start：截取字符串的起始位置
//参数$len：截取的长度
//返回值：截取的字符串
    function msubstr($str,$start,$len){
        $strlen=$start+$len; //$strlen存储字符串的总长度
$tmpstr='';
        for($i=0;$i<$strlen;$i++){
            if(ord(substr($str,$i,1))>0xa0){//如果首字节的ASCII值大于0xa0,则表示为汉字
                $tmpstr.=substr($str,$i,3);    //每次取出三个字节赋给变量$tmpstr，即等于一
                                                个汉字
                $i+=2;                         //循环变量加2
            }else{                             //如果不是汉字，则每次取出一个字节赋给变量$tmpstr
                $tmpstr.=substr($str,$i,1);
            }
        }
        return $tmpstr;              //输出字符串
    }
?>
```

其中 ord()函数的作用是返回字符的 ASCII 码值，其函数说明如下：

int ord (string $string)

PHP 拥有大量的内置函数，可通过 PHP 在线手册（http://php.net/manual/zh/）查询使用。

步骤 3：打开浏览器，在地址栏中输入地址 http://localhost/4/mainTasks/index.php 后，显示效果如图 4-1 所示。

综合案例

【例 4-1】将 1980 至 2020 年间的所有闰年打印输出。要求：定义函数 isLeapYear()判断一个年份是不是闰年。

分析：首先定义函数 isLeapYear()用来判断一个年份是不是闰年，然后将 1980 至 2020 年间的所有闰年打印输出。

程序源码如下：

```php
<?php
function isLeapYear($year){
if(($year%4==0&&$year%100!=0)||$year%400==0)
    return true;
else
    return false;
}
for($year = 1980; $year <= 2020; $year++) {
if(isLeapYear($year))
    echo $year.'是闰年' .'<br/>';
}
?>
```

【例4-2】输出100以内的素数。要求：① 定义函数 isPrime()判断一个数是不是素数；② 每行输出10个素数。

分析：首先定义函数 isPrime()用来判断一个数是不是素数；然后输出100以内的素数，每输出一个素数累加计数，每输出10个素数换行。

程序源码如下：

```php
<?php
function isPrime($n){
$flag=1;
for($i=2;$i<=sqrt($n);$i++){
    if($n%$i==0){$flag=0;break;}
}
return $flag;
}
$num=0;
echo '100以内的素数：'.'<br>';
for($n=2;$n<100;$n++){
if(isPrime($n)){
    $num++;
    echo $n.' ';
    if($num%10==0) echo '<br>';
}
}
?>
```

课后练习

一、选择题

1. 在 PHP 中，若要在函数内部使用函数外定义的变量，可以采用的方式是(　　)
   A. GLOBAL 关键字
   B. GLOBALS 关键字
   C. 预定义变量$GLOBAL
   D. PUBLIC 关键字

2. 在 PHP 中，下列说法中不正确的是(　　)。
   A. 函数名称是区分大小写的
   B. 在同一个文件中，可以先调用后定义的函数
   C. 定义函数时可以没有返回值
   D. 定义函数时可以设定参数默认值

3. 在 php 中，关于字符串处理函数的说法中正确的是(　　)。
   A. implode( )方法可以将字符串拆解为数组
   B. str_replace()可以替换指定位置的字符串
   C. substr( )可以截取字符串
   D. strlen( )不能取到字符串的长度

4. 在 PHP 中，以下能输出格式如 2019-01-01 22:16:12 的当前时间的函数是(　　)。
   A. echo date（"Y-m-d H:i:s"）;
   B. echo time();
   C. echo date();
   D. echo time（"Y-m-d H:i:s"）;

5. 在 PHP 中，以下能输出 1 到 10 之间的随机数的是(　　)。
   A. echo rand();　　　B. echo rand()*10;　　　C. echo rand(1,10);　　　D. echo rand(10);

6. 在 php 中，下列定义函数的方式中正确的是(　　)。
   A. public void Show(){ }
   B. function Show($a,$b=5){ }
   C. function Show(a,b){ }
   D. functionShow(int $a){ }

二、程序分析题

1. 下面程序的输出结果是＿＿＿＿＿＿＿。

```php
<?php
function mystrtoupper($a){
    $b = str_split($a, 1);
    $r = '';
    foreach($b as $v){
        $v = ord($v);
        if($v >= 97 && $v<= 122){
```

```php
            $v -= 32;
        }
        $r .= chr($v);
    }
    return $r;
}
$a = 'Hello world!';
echo 'origin string:'.$a.'<br>';
echo 'result string:';
$result = mystrtoupper($a);
echo $result;
?>
```

2. 下面程序的输出结果是＿＿＿＿＿＿＿＿。

```php
<?php
$num = 10;
function foo($num)
{
        $num = $num * 10;
}
foo($num);
echo $num;
?>
```

3. 下面程序的输出结果是＿＿＿＿＿＿＿＿。

```php
<?php
$a="Hello";
function print_A()
{
        $a = "phpmysql";
        global $a;
        echo $a;
}
echo $a;
print_A();
?>
```

4. 下面程序的输出结果是＿＿＿＿＿＿＿＿。

```php
<?php
$count = 5;
function get_count()
{
        static $count=0;
```

```php
        return $count++;
    }
echo $count;
++$count;
echo get_count();
echo get_count();
?>
```

5. 下面程序的输出结果是_____。

```php
<?php
$GLOBALS['var1']=5;
$var2=1;
function get_value(){
    global $var2;
    $var1=1;
    return $var2++;
}
get_value();
echo $var1;
echo $var2;
?>
```

三、编程题

1. 要求：首先定义函数 isPerfectNumber()判断一个数是不是完全数，然后输出 1000 以内的完全数。

2. 试试使用多种方式定义一个函数来获取文件路径中文件名的后缀。

3. 要求：首先定义函数 factorial()计算一个数的阶乘，然后计算 sum = 1! +2! +3! +…+n! ，当 n=8 时，输出 sum。

项目五　PHP 数组与 JSON

【学习目标】

（1）掌握一维数组、二维数组的创建、遍历和输出；

（2）掌握数组的常用函数。

【能解决的问题】

（1）能掌握 PHP 数组的定义、遍历和输出；

（2）能运用 PHP 数组相关知识完成程序的编码；

（3）能运用 PHP 数组知识达到软件开发的高效性。

当程序中需要处理大量数据时，可以将这些数据存入数组中进行批量处理。

本项目首先讲解数组的创建、遍历和输出，然后讲解数组常用函数的使用，最后讲解数组与 JSON 字符串的转换。通过理论配合实例练习进行任务驱动学习，使读者掌握数组和相关常用函数来解决问题。

任务描述：生成 6 位简单验证码。

简单验证码输出效果如图 5-1 所示。

图 5-1　简单验证码输出效果

任务分析：

（1）设计简单验证码由大写字母、小写字母，阿拉伯数字组成，由于字母 O 和数字 0 不好辨认，除去数字 0。

（2）打乱组成验证码的 6 位字符，存储到数组中。

模块一　数组的创建

在程序中，经常需要对一批数据进行操作，例如，统计某用户 12 个月的用电量，如果使用单独的变量来存放这些数据，就需要定义 12 个变量。如果是统计 100 个用户 12 个月的电量使用情况，若还是用单独的变量来存放，工作量是很大的，而且容易出错。这时，可以使用数组进行处理。数组是一个可以存储一组或一系列数值的变量。在 PHP 中，数组中的元素分为两个部分，分别为键（Key）和值（Value）。其中"键"为元素的识别名称，也被称为数组下标，"值"为元素的内容。"键"和"值"之间存在一种对应关系，称为映射。

在 PHP 中，根据下标的类型可分为两种数组类型，分别是索引数组（带有数字索引的数组）与关联数组（带有指定键的数组）。根据数组的维数（下标的个数），可分为一维数组（数组只有一个下标）、二维数组（数组有两个下标）和多维数组（两个以上的数组下标）。

任务一　用户创建数组

用户创建数组时，可以使用赋值方式、array()函数以及下标符号[]方式。

一、使用赋值方式创建数组

使用赋值方式定义数组是最简单的方式，其语法格式如下：

$arrayName[key] = value

使用这种方式时，首先创建一个数组变量，然后加上下标符号"[]"和键"key"，最后直接给变量赋值即可。"key"的类型可以是整型或字符串，"value"可以是任意类型的数据。

举例说明使用赋值方式创建索引数组，代码如下：

```php
<?php
 $arr[0] = 1;
 $arr[1] = "Tom";
 $arr[2] = "重庆";
 $arr[3] = "tom@qq.com";
 echo "<pre>";
 print_r($arr);
 echo "</pre>";
?>
```

程序运行结果如图 5-2 所示。

图 5-2　使用赋值方式创建索引数组的运行结果

从程序中可见，索引数组是下标中的键为整数的数组。通常情况下，索引数组的下标是从 0 开始，并依次递增。当需要使用位置来标识数组元素时，可以使用索引数组。例如，一个用于存储多种类型的值的索引数组，其元素在内存中的分配情况如图 5-3 所示。

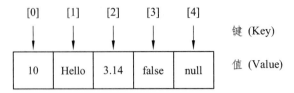

图 5-3　索引数组示意图

由图 5-3 可以看出，索引数组的"键"都是整数。需要注意的是，索引数组的"键"可以自己指定，在默认情况下，是从 0 开始的。

再举例说明使用赋值方式创建关联数组，代码如下：

```php
<?php
  $arr["id"] = 1;
  $arr["name"]="Tom";
  $arr["address"]="重庆";
  $arr["email"]="tom@qq.com";
  echo "<pre>";
  print_r($arr);
  echo "</pre>";
?>
```

程序运行结果如图 5-4 所示。

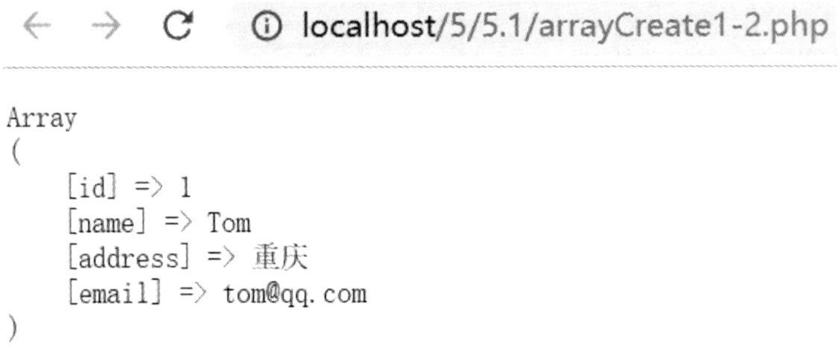

```
←   →   C      ① localhost/5/5.1/arrayCreate1-2.php

Array
(
    [id] => 1
    [name] => Tom
    [address] => 重庆
    [email] => tom@qq.com
)
```

图 5-4　使用赋值方式创建关联数组的运行结果

从程序中可见，关联数组是指下标中的键为字符串的数组。通常情况下，关联数组元素的键和值之间有一定的业务逻辑关系，因此，通常使用关联数组存储一系列具有逻辑关系的变量。例如，一个用于存储个人信息的关联数组，其元素在内存中的分配情况如图 5-5 所示。

图 5-5　关联数组示意图

由图 5-5 可以看出，关联数组的键都是字符串，并且它的键与值具有一一对应关系。

二、使用 array()函数创建数组

除了通过赋值方式定义数组外，还可以使用 array()函数定义数组，它接收数组的元素作为参数，多个元素之间使用逗号（英文）分隔，其语法格式如下：

$arrayName = array(key1 => value1, key2 => value2,…)

在语法格式中，如果省略了"key=>"部分，则定义的数组默认为索引数组。例如，使用 array()函数定义一个索引数组，代码如下：

$arr = array(10, "hello", 3.14, false,null);

在代码中，定义了一个索引数组变量$arr。在数组$arr 中只定义了数组元素的值，省略了"键"的部分，则$arr 默认为索引数组，并且"键"从 0 开始，依次递增。

使用 array()函数定义一个关联数组，代码如下：

```php
<?php
  $arr = array("id"=>1,"name"=>"Tom","address"=>"重庆","email"=>"tom@qq.com");
  echo "<pre>";
  print_r($arr);
  echo "</pre>";
?>
```

程序运行结果如图 5-6 所示。

```
←  →  C    ⓘ localhost/5/5.1/arrayCreate2-1.php

Array
(
    [id] => 1
    [name] => Tom
    [address] => 重庆
    [email] => tom@qq.com
)
```

图 5-6　使用 array()函数创建数组的运行结果

三、使用下标符号[]方式创建数组

除了通过赋值方式、array()函数定义数组外，还可以使用下标符号[]方式定义数组，其语法格式如下：

$arrayName = [key1 => value1, key2 => value2,…]

在语法格式中，如果省略了"key=>"部分，则定义的数组默认为索引数组。例如，使用下标符号[]定义一个索引数组，代码如下：

$arr = [10, "hello", 3.14, false,null];

下标方式[]定义数组，是 PHP5.4 后支持的，可见与 array()函数定义数组很相似，但书写更为方便。

举例说明使用下标符号[]方式创建数组，代码如下：

```php
<?php
  $arr = ["id"=>1,"name"=>"Tom","address"=>"重庆","email"=>"tom@qq.com"];
```

```
echo "<pre>";
print_r($arr);
echo "</pre>";
?>
```
程序运行结果如图 5-7 所示。

```
Array
(
    [id] => 1
    [name] => Tom
    [address] => 重庆
    [email] => tom@qq.com
)
```

图 5-7　使用下标符号[]创建数组的运行结果

从以上定义中可见，在 PHP 中定义数组，既不需要事先声明，也不需要指定数组的大小。从图 5-4、图 5-6、图 5-7 可见，尽管几种定义数组的形式不一样，但定义出的数组的输出结果是一样的。在定义数组时，还需要注意以下几点：

（1）如果在定义数组时没有给某个元素指定下标，PHP 就会自动将目前最大的那个整数下标值加 1，作为该元素的下标，并依次递增后面元素的下标值。如果一个下标键值都没有指定，则从 0 开始。

（2）数组元素的下标只有整型和字符串两种类型，如果是其他类型，则会进行类型转换。而数组元素的值可以为任何合法的类型。

（3）由于合法的整型值的字符串下标会被类型转换为整型下标，所以在创建数组的时候，如果转换后数组存在相同的下标时，后面出现的元素值会覆盖前面的元素值。

任务二　函数创建数组

在程序开发中，经常遇到函数的返回值为数组的情况，称为函数创建数组。例如 array() 函数，也可以通过自定义函数返回数组，示例代码如下：

```
<?php
function demo()
{
return array(1,3,5,7,9);
}
$arr=demo();//将函数赋值给变量
//下面两种形式都可以正常输出数组元素的值
echo $arr[0];
echo "<br>";
echo demo()[4];
?>
```

程序运行结果如图 5-8 所示。

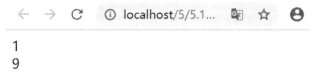

localhost/5/5.1...
1
9

图 5-8　自定义函数返回数组的运行结果

除了自定义函数，常用的 array()函数外，还有一些系统提供的内置函数也可以返回创建的数组。常见的创建数组的内置函数如表 5-1 所示。

表 5-1　创建数组的内置函数

函数声明	功能描述
array range (mixed $start, mixed $limit [, number $step = 1])	建立一个包含指定范围单元的数组。start：元素最小值；limit：元素最大值；step：元素步长（要增加的量）。
array compact (mixed $varname [, mixed $...])	建立一个数组，包括变量名和它们的值
array array_combine (array $keys, array $values)	创建一个数组，用一个数组的值作为其键名，另一个数组的值作为其值
array array_fill (int $start_index, int $num, mixed $value)	用给定的值填充数组。start_index：起始索引；num：值的个数；value：数组值

以 range()和 array_fill()函数为例说明函数创建数组，代码如下：

```
<?php
$number = range(0,5);
print_r ($number);
echo "<br>";
$number = range(0,50,10);
print_r ($number);
echo "<br>";
$letter = range("a","d");
print_r ($letter);
echo "<br>";
$animal=array_fill(2,3,"Cat");
print_r($animal);
?>
```

程序运行结果如图 5-9 所示。

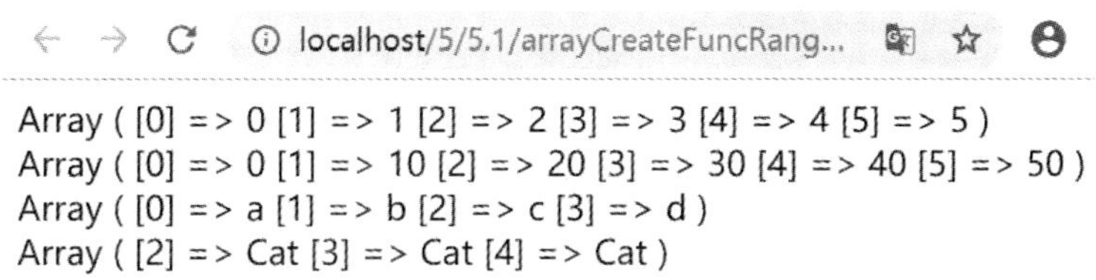

localhost/5/5.1/arrayCreateFuncRang...
Array ([0] => 0 [1] => 1 [2] => 2 [3] => 3 [4] => 4 [5] => 5)
Array ([0] => 0 [1] => 10 [2] => 20 [3] => 30 [4] => 40 [5] => 50)
Array ([0] => a [1] => b [2] => c [3] => d)
Array ([2] => Cat [3] => Cat [4] => Cat)

图 5-9　函数创建数组的运行结果

任务三 创建二维及多维数组

一个数组中的值可以是另一个数组，另一个数组的值也可以是一个数组。依照这种方式，可以创建二维、三维数组或者更高维数组。三维及其以上的数组称为多维数组。

以二维数组定义为例，示例代码如下：

```php
<?php
$sites = array
(
    "baidu"=>array
    (
        "百度搜索",
        "http://www.baidu.com"
    ),
    "taobao"=>array
    (
        "淘宝",
        "http://www.taobao.com"
    )
);
print("<pre>"); // 格式化输出数组
print_r($sites);
print("</pre>");
echo $sites["taobao"][0];
?>
```

程序运行输出效果如图 5-10 所示。

图 5-10 二维数组运行结果

模块二　数组的遍历和输出

任务一　数组的遍历

在操作数组时，经常需要依次访问数组中的每个元素，这种操作称为数组的遍历。在 PHP 中通常使用 foreach 语句来实现数组的遍历，有两种使用方式：一种是无键遍历，另一种是键值对遍历。

（1）无键遍历的语法格式如下：

foreach ($arr as $value) {

　　　循环体

}

（2）键值对遍历的语法格式如下：

foreach ($arr as $key => $value) {

　　　循环体

}

以上两种语法格式中都是通过 foreach 语句来实现对数组的遍历，在第一种语法格式中，只是将当前元素的值赋给$value；而在第二种语法格式中，将当前元素的键名赋值给$key，值赋值给$value，这样可以同时获取当前元素的键名和值。举例使用 foreach 语句、for 循环和 count()函数实现数组的遍历，代码如下：

```php
<?php
$arr = ["id"=>1,"name"=>"Tom","address"=>"重庆","email"=>"tom@qq.com"];
//foreach 语句遍历数组
foreach ($arr as $value)
{ //无键遍历
echo $value;
echo "<br>";
}
echo "<br>";
foreach ($arr as $key => $value)
{ //键值对遍历
echo $key;
echo " => ";
echo $value;
echo "<br>";
}
echo "<br>";
```

```
//for 循环与 count 函数遍历数组
$arr2=[11,22,33,44,55];
for($i=0;$i<count($arr2);$i++)
{
echo $arr2[$i];
echo " ";
}
?>
```

运行结果如图 5-11 所示。

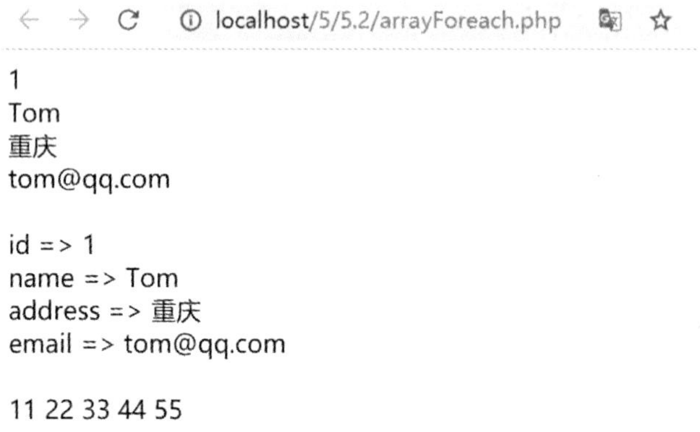

图 5-11　数组遍历的运行结果

　　两种格式的 foreach 语句都可以实现对数组的遍历,从运行结果可以看出,通过无键名遍历时,直接输出数组元素的值;通过键值对遍历时,输出数组中的键与值。因此,如果需要数组的键时,则需要使用键值对的形式进行遍历。另外,对于键名从 0 开始且连续的索引数组,也可以利用 count() 函数和 for 循环实现数组元素的遍历,其中 count ()函数的功能是统计数组中元素的个数。

任务二　数组的输出

　　如果要查看整个数组的信息,可以遍历数组的每个元素输出,也可以使用 PHP 的内置函数:print_r()和 var_dump()函数。print_r()函数可以按照一定的格式显示数组中所有元素的键和值,举例演示 print_r()函数的使用方法,代码如下:

```
<?php
$a = array ('a' => 'apple', 'b' => 'banana', 'c' => 'pear' );
echo '<pre>';
print_r($a);
echo '</pre>';
?>
```

运行结果如图 5-12 所示。

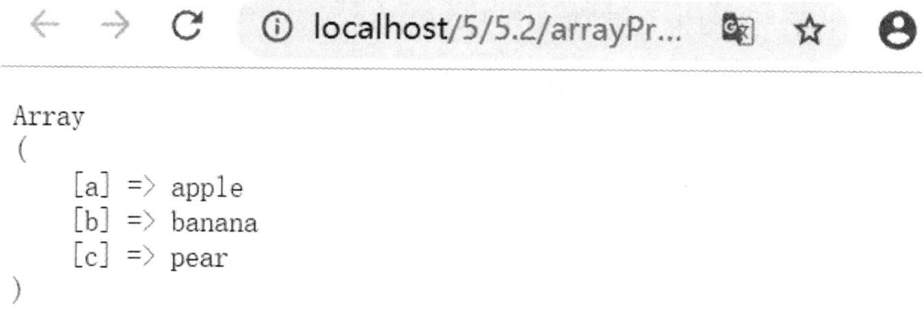
localhost/5/5.2/arrayPr...
Array
(
[a] => apple
[b] => banana
[c] => pear
)

图 5-12　print_r()函数运行结果

注意：要想以方便阅读的格式化形式输出，需要在调用 print_r()函数的前边加上“echo '<pre>';”以及之后加上“echo '</pre>';”。

var_dump()函数与 print_r()函数用法类似，var_dump()函数的功能更加强大，不但可以打印数组元素，同时能打印元素中值的数据类型。举例演示 var_dump()函数的使用方法，代码如下：

```
<?php
$a = array( 10, "hello", 3.14, false );
echo '<pre>';
var_dump($a);
echo '</pre>';
?>
```

运行结果如图 5-13 所示。

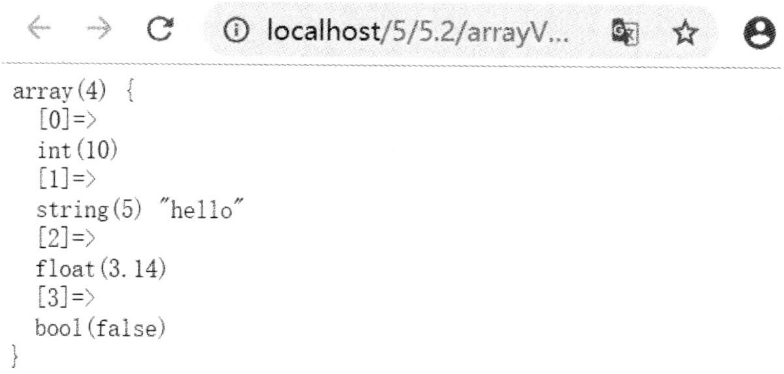
localhost/5/5.2/arrayV...
array(4) {
[0]=>
int(10)
[1]=>
string(5) "hello"
[2]=>
float(3.14)
[3]=>
bool(false)
}

图 5-13　var_dump()函数运行结果

模块三　数组的常用函数

任务一　获取数组中元素的个数及最后一个元素

在 PHP 中，提供了访问数组的各种处理函数，以方便程序开发时对数组元素的访问。count()函数可以计算出数组中元素的个数，end()函数可以将数组的内部指针移到最后一个元素。count

函数以及数组的内部指针的相关函数的声明及功能描述如表 5-2 所示。

表 5-2　count()函数以及数组的内部指针的相关函数

函数声明	功能描述
int　count (mixed　$var)	统计一个数组里的所有元素的个数
mixed　current (array &$array)	返回当前被内部指针指向的数组元素的值，并不移动指针
mixed　reset (array &$array)	返回数组第一个元素的值
mixed　next (array &$array)	返回的是下一个数组元素的值并将数组指针向前移动了一位
mixed　prev (array &$array)	返回数组内部指针指向的前一个元素的值
mixed　end (array &$array)	返回最后一个元素的值
array　each (array &$array)	返回 array 数组中当前指针位置的键 / 值对，并向前移动一位数组指针
mixed　key (array &$array)	返回数组中当前元素的键名

举例演示获取数组中元素的个数以及最后一个元素的方法，代码如下：

```php
<?php
$arr1 = array(11,22,33,44,55);
echo count($arr1);
echo '<br>';
//适用于键名从 0 开始且连续的索引数组
echo $arr1[count($arr1)-1];
$arr2 = ["id"=>1,"name"=>"Tom","address"=>"重庆","email"=>"tom@qq.com"];
echo '<br>';
//将数组的内部指针指向最后一个单元，适用于所有数组
echo end($arr2);

?>
```

运行结果如图 5-14 所示。

图 5-14　获取数组中元素的个数以及最后一个元素的运行结果

从程序输出可见，count()函数返回的结果是计算出的数组中元素的个数。利用这个数组中元素的个数减 1 作为下标，可以访问数组的下标中键名从 0 开始且连续的索引数组的最后一个元素。end()函数不仅适用于索引数组，也适用于关联数组。显然，使用 end()函数通用一些。

还有其他办法获取数组元素的最后一个元素，例如 array_pop()函数和 array_slice()函数。array_pop()函数的声明格式如下：

mixed array_pop (array &$array)

array_pop()函数的功能是将数组最后一个元素弹出（出栈），返回数组的最后一个元素，

并将数组的长度减 1。

array_slice()函数的声明格式如下：

array array_slice (array $array , int $offset [, int $length = NULL [, bool $preserve_keys = false]])

array_slice()函数的功能是从数组中取出一段元素，返回根据 offset 和 length 参数所指定的数组中的一段元素构成的数组。如果 offset 非负，则序列将从 array 中的此偏移量开始；如果 offset 为负，则序列将从 array 中距离末端这么远的地方开始。array_slice() 默认会重新排序并重置数组的数字索引。

执行 array_pop()函数时，会将数组的长度减 1；执行 array_slice()函数时，默认会重新排序并重置数组的数字索引，故在使用时要特别小心它们带来的副作用。

举例演示使用 array_pop()函数和 array_slice()函数获取最后一个元素的方法，代码如下：

```php
<?php
$array = array(2,4,6,8);
echo array_pop($array); //将数组最后一个元素弹出（出栈）
echo '<br>';
$array = array(2,4,6,8);
$k = array_slice($array,-1,1);
print_r($k); //$k 是一维索引数组
?>
```

运行结果如图 5-15 所示。

```
8
Array ( [0] => 8 )
```

图 5-15　获取数组中最后一个元素其他方法的运行结果

任务二　获取数组中指定元素的键名

通过数组的内部指针函数和 key()函数，可以方便地获取数组元素的键名。例如首、尾元素的键名，可以使用 key (reset ($arr))、key (end ($arr))获得。

另外，可以通过 array_search()和 array_keys () 函数在数组中查找指定键值，如果找到了匹配的元素，该元素的键名会被返回。返回键名的函数如表 5-3 所示。

表 5-3　返回键名的函数

函数声明	功能描述
mixed array_search (mixed $needle , array $haystack [, bool $strict = false])	在数组中搜索给定的值，如果成功则返回相应的键名，否则返回 false。如果 needle 在 haystack 中出现不止一次，则返回第一个匹配的键
array array_keys (array $input [, mixed $search_value = NULL [, bool $strict = false]])	返回 input 数组中的数字或者字符串的键名。如果指定了可选参数 search_value，则只返回该值的键名。否则 input 数组中的所有键名都会被返回

array_search()函数返回第一个匹配的键,若要返回所有匹配值的键,需要使用 array_keys()加上可选参数 search_value，将所有匹配值的键，存储在数组中返回。另外，注意与 in_array()函数的区别：in_array()函数的作用是检查数组中是否存在某个值，如果找到了则返回 true，否则返回 false。

举例演示获取数组中指定元素的键名的方法，代码如下：

```php
<?php
$arr = ["id"=>1,"name"=>"Tom","address"=>"重庆","email"=>"tom@qq.com"];
reset($arr);
echo '首元素的键名：' . key($arr) . '<br>';
end($arr);
echo '尾元素的键名：' . key($arr) . '<br>';
echo array_search('Tom',$arr) . '<br>';//输出指定元素值的键名
print_r(array_keys($arr,'Tom')); //输出一维索引数组
?>
```

运行结果如图 5-16 所示。

首元素的键名：id
尾元素的键名：email
name
Array ([0] => name)

图 5-16　获取数组中指定元素的键名的运行结果

任务三　数组元素的查找、添加和删除数组中重复元素

数组元素的查找、添加和删除数组中重复元素的函数，如表 5-4 所示。

表 5-4　查找、添加和删除数组元素的函数

函数声明	功能描述
bool in_array (mixed $needle , array $haystack [, bool $strict = FALSE])	检查数组中是否存在某个值
bool array_key_exists (mixed $key , array $search)	检查给定的键名或索引是否存在于数组中
int array_push (array &$array , mixed $var [, mixed $...])	将 array 当成一个栈，并将传入的变量压入 array 的末尾。array 的长度将根据入栈变量的数目增加
mixed array_shift (array &$array)	将 array 的第一个元素移出并作为结果返回，将 array 的长度减 1 并将所有其他单元向前移动一位
array array_unique (array $array [, int $sort_flags = SORT_STRING])	移除数组中重复的值，并返回没有重复值的新数组，注意键名保留不变。注意如果同一个值出现了多次，则第一个键名将得以保留
array array_flip (array $trans)	返回一个反转后的 array，例如 trans 中的键名变成了值，而 trans 中的值成了键名。注意如果同一个值出现了多次，则最后一个键名将作为它的值

实现去重效果时，array_unique()函数只适用于一维数组，对多维数组并不适用，不过可以对二维数组的每一行使用 array_unique()达到删除重复元素的效果。另一个方法是使用array_flip()函数来间接的实现去重效果。array_flip 是反转数组键和值的函数，它有个特性就是如果数组中有两个值是一样的，那么反转后会保留最后一个键和值，可以利用这个特性来间接的实现数组的去重的效果。注意，这两种方法的不同在于用 array_flip()得到的是重复元素最后的键和值，用 array_unique()得到的是重复元素的第一个键和值。

举例演示使用函数 array_flip()和 array_unique()去掉数组中重复元素值的方法，代码如下：

```php
<?php
$arr = array("a"=>"a1","b"=>'b1',"c"=>"a2","d"=>"a1");
$arr1 = array_flip($arr);
echo '<pre>';
print_r($arr1);//先反转一次,去掉重复值,输出 Array([a1]=>d [b1]=>b [a2]=>c)
$arr2 = array_flip($arr1);
print_r($arr2);//再反转回来,得到去重后的数组,输出 Array([d]=>a1 [b]=>b1 [c]=>a2)
$arr3 = array_unique($arr);
print_r($arr3);//利用 php 的 array_unique 函数去重,输出 Array([a]=>a1 [b]=>b1 [c]=>a2)
echo '</pre>';
?>
```

运行结果如图 5-17 所示。

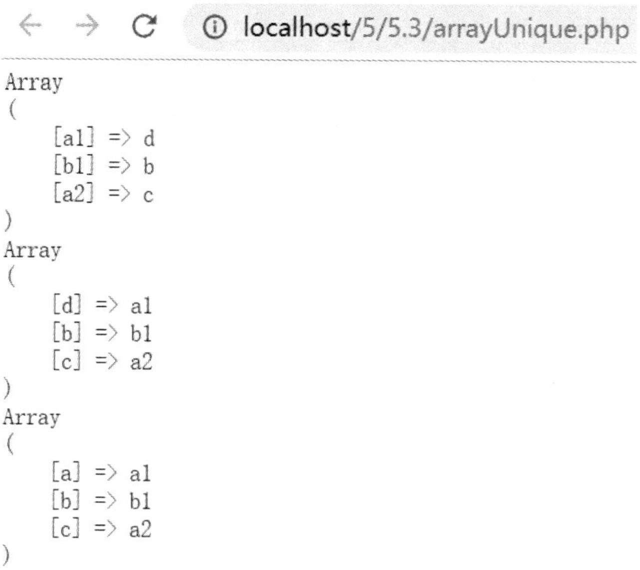

```
← → C    ① localhost/5/5.3/arrayUnique.php

Array
(
    [a1] => d
    [b1] => b
    [a2] => c
)
Array
(
    [d] => a1
    [b] => b1
    [c] => a2
)
Array
(
    [a] => a1
    [b] => b1
    [c] => a2
)
```

图 5-17 去掉数组中重复元素值的运行结果

任务四 数组键与值的排序

数组可以根据数组键名排序，也可以根据数组元素值排序，常见的排序函数和排序标记如表 5-5、表 5-6 所示。

表 5-5　常见的数组排序函数

函数声明	功能描述
bool sort (array &$array [, int $sort_flags = SORT_REGULAR])	数组元素被从小到大排序。排序后，本函数将删除原有的键名，赋予新的键名
bool rsort (array &$array [, int $sort_flags = SORT_REGULAR])	数组进行逆向排序（最高到最低）。排序后，本函数将删除原有的键名，赋予新的键名
bool ksort (array &$array [, int $sort_flags = SORT_REGULAR])	对数组按照键名从小到大排序，保留键名到数据的关联。本函数主要用于关联数组
bool krsort (array &$array [, int $sort_flags = SORT_REGULAR])	对数组按照键名逆向排序（最高到最低），保留键名到数据的关联
bool asort (array &$array [, int $sort_flags = SORT_REGULAR])	对数组进行从小到大排序并保持索引关系
bool arsort (array &$array [, int $sort_flags = SORT_REGULAR])	对数组进行逆向排序（最高到最低）并保持索引关系
bool natsort (array &$array)	用"自然排序"算法对数组排序。是和人们通常对字母、数字、字符串进行排序的方法一样的排序算法，并保持原有键/值的关联

表 5-6　$sort_flags 排序类型标记

标记常量	含义描述
SORT_REGULAR	默认值，将自动识别数组的元素值类型进行排序
SORT_NUMERIC	按数字大小来比较元素值
SORT_STRING	按字符串来比较元素值
SORT_LOCALE_STRING	根据当前的本地化设置，按照字符串比较
SORT_NATURAL	和 natsort() 类似，对每个元素以"自然的顺序"对字符串进行排序
SORT_FLAG_CASE	能够与 SORT_STRING 或 SORT_NATURAL 合并（位或运算），不区分大小写对字符串排序

举例演示数组排序函数使用的代码如下：

```php
<?php
echo'<pre>';
$array1 = $array2 = array( "img12.png", "img10.png", "img2.png", "img1.png" );
asort ( $array1 );
echo "标准排序的结果是：\n";
print_r ( $array1 );

natsort ( $array2 );
echo "\n自然排序的结果是：\n";
print_r ( $array2 );
echo'</pre>';
?>
```

运行结果如图 5-18 所示。

```
标准排序的结果是:
Array
(
    [3] => img1.png
    [1] => img10.png
    [0] => img12.png
    [2] => img2.png
)

自然排序的结果是:
Array
(
    [3] => img1.png
    [2] => img2.png
    [1] => img10.png
    [0] => img12.png
)
```

图 5-18　数组排序函数使用的运行结果

任务五　字符串与数组的转换

explode()函数用于分隔字符串，将字符串转换为数组；implode()函数用于拼接字符串，可以将数组元素拼接成字符串。

举例演示字符串与数组的转换，代码如下：

```php
<?php
$array1 = array('name', 'email', 'phone');
$str1 = implode(",", $array1);//implode 使数组拼接成字符串
echo $str1; //name,email,phone
echo'<pre>';
$str2 = 'Tom|tom@qq.com|13688888888';
$array2 = explode('|',$str2);//explode 使字符串分割成数组
print_r($array2);//Array([0] => Tom [1] => tom@qq.com [2] => 13688888888)
echo'</pre>';
?>
```

运行结果如图 5-19 所示。

name,email,phone

```
Array
(
    [0] => Tom
    [1] => tom@qq.com
    [2] => 13688888888
)
```

图 5-19　的运行结果

如果没有任何符号可用于分隔符的话，可考虑使用 str_split()函数将字符串转换为数组。

模块四　PHP 与 JSON 实现数据转换

JSON（JavaScript Object Notation）是指 JavaScript 对象表示法，是轻量级的文本数据交换格式。JSON 数据的书写格式是：名称/值对。PHP 中与 JSON 操作相关的函数如表 5-7 所示。

表 5-7　与 JSON 操作相关的函数

函数声明	功能描述
mixed　json_decode (string $json [, bool $assoc = false [, int $depth = 512 [, int $options　= 0]]])	把 JSON 格式的字符串解码并转换为 PHP 变量。当 assoc 参数为 true 时，将返回数组而非对象
string json_encode (mixed　$value [, int $options = 0])	对 PHP 变量进行 JSON 编码。编码成功则返回一个以 JSON 形式表示的 string，否则返回 false
int json_last_error (void)	如果有，返回 JSON 编码解码时最后发生的错误

举例演示数组与 JSON 相互转换的方法，代码如下：

```php
<?php
echo'<pre>';
$json1　=　'{"a":1,"b":2,"c":3,"d":4,"e":5}' ;
$arr1 = json_decode ( $json1 ,　true );
print_r ( $arr1 );

$arr2　= array ( 'a' => 1 , 'b' => 2 , 'c' => 3 , 'd' => 4 , 'e' => 5 );
$json2 = json_encode ( $arr2 );
echo　$json2;
echo'</pre>';
?>
```

运行结果如图 5-20 所示。

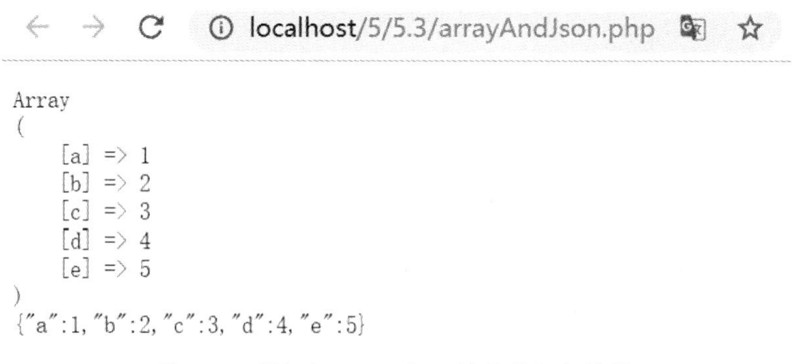

图 5-20　数组与 JSON 相互转换的运行结果

在本项目开始提出的"生成 6 位简单验证码"的任务中，具体操作步骤如下：

步骤 1：在 F:\yuanma\5\mainTasks 目录下创建页面 code.php，用 VS Code 软件打开该页面后，编写 PHP 代码。核心 PHP 代码如下：

```php
<?php
$char_len = 6; //初始化码值的长度
$chars = array_merge(range('A','Z'), range('a','z'),range(1, 9));//生成码值数组
$rand_keys = array_rand($chars, $char_len);//随机获取$char_len 个码值的键
shuffle($rand_keys);//打乱随机获取的码值键的数组
$code = '';
foreach($rand_keys as $key) {//根据键获取对应的码值，并拼接成字符串
    $code .= $chars[$key];
}
?>
```

其中 array_merge ()、array_rand ()、shuffle()函数的说明如表 5-8 所示。

表 5-8　array_merge ()、array_rand ()、shuffle()函数的说明

函数声明	功能描述
array array_merge (array $array1 [, array $...])	合并一个或多个数组
mixed array_rand (array $input [, int $num_req = 1])	如果只取出一个，array_rand() 返回一个随机元素的键名，否则就返回一个包含随机键名的数组
bool shuffle (array &$array)	将数组元素顺序打乱。注意：此函数将删除原有的键名，为打乱后的元素赋予新的键名

步骤 2：在 F:\yuanma\5\mainTasks 目录下创建页面 login.html，用 VS Code 软件打开该页面后，编写页面布局代码。

步骤 3：在 F:\yuanma\5\mainTasks 目录下创建页面 checkLogin.php，用 VS Code 软件打开该页面后，编写 PHP 代码。

步骤 4：打开浏览器，在地址栏中输入地址 http://localhost/5/mainTasks/login.html 后，显示效果如图 5-1 所示。

综合案例

【例 5-1】显示某小组学生的基本信息。基本信息包括学号、姓名、性别、电话等信息。

分析：学生信息存储在二维数组中，然后使用循环输出。使用加了表头的表格输出，可以使输出结构清晰，便于阅读。编写代码如下：

```php
<?php
//学生基本信息
$stu=[
['ID'=>'100001','name'=>'张 三','sex'=>'男','tel'=>'13611111111'],
['ID'=>'100002','name'=>'李 四','sex'=>'女','tel'=>'13622222222'],
['ID'=>'100003','name'=>'王 五','sex'=>'男','tel'=>'13633333333']
];
$i=1;
```

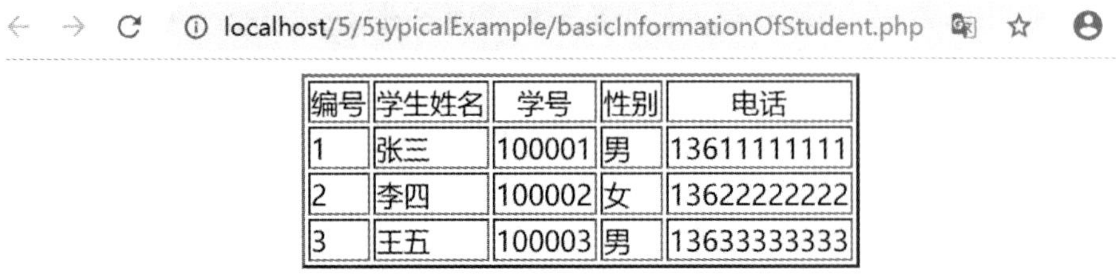

```
?>
<table border="2px" style="margin:0 auto;">
    <tr    align="center">
        <td>编号</td>
        <td>学生姓名</td>
        <td>学号</td>
        <td>性别</td>
        <td>电话</td>
    </tr>
    <?php foreach($stu as $value){ ?>
    <tr>
        <td> <?php echo $i; ?>                </td>
        <td> <?php echo $value["name"]; ?>    </td>
        <td> <?php echo $value["ID"]; ?>      </td>
        <td> <?php echo $value["sex"]; ?>     </td>
        <td> <?php echo $value["tel"]; ?>     </td>
    </tr>
    <?php
    $i++;
    }
?>
</table>
```

程序运行结果如图 5-21 所示。

图 5-21　学生的基本信息输出结果

【例 5-2】某校进行演讲比赛，共有 10 名评委。每位演讲者的最后得分是去掉 1 位最高分和 1 位最低分，通过剩余 8 名评委的打分求平均分。请编写 PHP 程序实现打分的功能。要求输出"最高分：xx；最低分：xx；最后得分：xx"。最后得分保留 2 位小数。

分析：

（1）将 10 名评委的评分存入数组之中。

（2）找出最高分和最低分的数组元素，删掉一个最高分元素和一个最低分元素。

（3）统计总分求得平均分。

（4）按格式要求输出。

编写程序代码如下：

```php
<?php
//10 位评委的分数
$score = ['a1'=>9,'a2'=>10,'a3'=>9,'a4'=>8,'a5'=>7,'a6'=>6,'a7'=>8,'a8'=>8,'a9'=>9,'a10'=>10];
$max = max($score);    //返回数组中的最大值
$min = min($score);    //返回数组中的最小值
foreach($score as $key=>$value){
    if($max == $value){    //找出（最后）一个评分最大的键名
        $k1 = $key;
    }elseif($min == $value){//找出（最后）一个评分最小的键名
        $k2 = $key;
    }
}
unset($score[$k1]);    //销毁数组元素
unset($score[$k2]);
$sum = 0;
foreach($score as $key=>$value) {//求总分
    $sum = $sum+"$value";
}
echo "最高分：".$max."；最低分：".$min;
$average = $sum/8;//求平均分
$average = round($average,2);//保留两位小数
$format_num = sprintf("%.2f",$average);//格式化字符串，输出小数点后两位小数
echo "；最后得分：".$format_num;
?>
```

程序运行结果如图 5-22 所示。

← → C ⓘ localhost/5/5typicalExample/meanScore.php

最高分: 10；最低分: 6；最后得分: 8.50

图 5-22 比赛得分输出结果

其中，可以实现保留小数点后几位数的函数如表 5-9 所示。

表 5-9 实现保留小数点后几位数的函数

函数声明	功能描述
float round (float $val [, int $precision = 0 [, int $mode = PHP_ROUND_HALF_UP]])	根据指定精度四舍五入。注意：round(8.5,2) 的结果为 8.5，不是 8.50
string sprintf (string $format [, mixed $args [, mixed $...]])	根据格式字符串要求返回字符串。Sprintf ("%.2f",8.5);输出 8.50
string number_format (float $number [, int $decimals = 0])	根据要求保留小数点后的位数，小数点前部分每个千位用英文小写逗号","分隔

课后练习

一、选择题

1. 以下代码输出的结果为( )。

```php
<?php
$arr = array("0"=>"aa","1"=>"bb","2"=>"cc");
echo $arr[1];
?>
```

    A. 会报错   B. aa   C. 输出为空   D. bb

2. 以下说法正确的是( )。

    A. $attr 代表数组，那么数组长度可以通过$attr.length 取到

    B. unset()方法不能删除数组里面的某个元素

    C. PHP 的数组里面可以存储任意类型的数据

    D. PHP 里面只有索引数组

3. 已知二维数组$a=array(array(1,2,3),array(4,5,6));则$a[1][1]的值是( )。

    A. 2   B. 3   C. 4   D. 5

4. 下面没有将 john 添加到 users 数组中的是( )。

    A. $users[] = "john";

    B. array_add($users, "john");

    C. array_push($users, "john");

    D. $users ["aa"]= "john" ;

5. 在 PHP 中，下列说法正确的是( )。

    A. 数组的下标必须为数字，且从 "0" 开始

    B. 数组的下标可以是字符串

    C. 数组中的元素类型必须一致

    D. 数组的下标必须是连续的

6. 执行如下程序后，输出正确的是( )。

```php
<?php
    function get_arr1(&$arr,$i){
        unset($arr[$i]);
    }
    function get_arr2($arr){
        unset($arr[0]);
    }
    $arr1 = array(1, 2);
    $arr2 = array(1, 2);
    get_arr1($arr1,0);
    get_arr2($arr2);
```

```php
        echo count($arr1);
        echo count($arr2);
?>
```

   A. 11   B. 12   C. 22   D. 21

二、程序分析题

1. 下面程序的输出结果是＿＿＿＿＿＿。

```php
<?php
$a[]=1;
$a[]=2;
$a["name"]="张三";
$a["sex"]="男";
foreach($a as $k => $v)
{
        echo $k.'=>'.$v.'<br>';
}
?>
```

2. 下面程序的输出结果是＿＿＿＿＿＿。

```php
<?php
$arr = ['1', '2'];
$adm=[];
foreach($arr as $k => $v){
    if($k == 0){
        $adm[] = '3';
    }elseif($k == 1){
        $adm[] = '4';
    }
}
print_r($adm);
?>
```

3. 下面程序的输出结果是＿＿＿＿＿＿。

```php
<?php
$arr=array('a'=>1,'b'=>2);
$arr[]=3;
$arr["x"]=4;
unset($arr['a']);
print_r($arr);
?>
```

4. 下面程序的输出结果是＿＿＿＿＿＿。

```php
<?php
function maxkey($arr){
    $maxval = max($arr);
    foreach($arr as $key=>$val){
        if($maxval == $val){
            $maxkey = $key;
        }
    }
    return $maxkey;
}
$arr = array(-2,-1,0,3,1,2);
echo maxkey($arr);
?>
```

5. 下面程序的输出结果是_____。

```php
<?php
function daxie($num){
    $da_num = array("零","一","二","三","四","五","六","七","八","九");
    $str = '';
    if(is_numeric($num) && strlen($num)>0){
        for($i=0;$i<strlen($num);$i++){
            $str .= $da_num[substr($num,$i,1)];
        }
    }
    return $str;
}
echo daxie(2019);
?>
```

三、编程题

1. 创建一个长度为 10 的数组，数组中元素的值满足斐波那契数列的规律。

2. 创建两个长度为 10 的数组，一个数组中的元素为递增的奇数列，首项为 1；另一个数组中的元素构成递增的等比数列，比值为 3，首项为 1。

项目六　PHP 采集表单数据

【学习目标】

（1）掌握 GET 方法采集表单数据；
（2）掌握 POST 方法采集表单数据；
（3）能完成表单中数据传值和显示。

【能解决的问题】

（1）能快速掌握 PHP 中 GET 方法采集表单数据；
（2）能快速掌握 PHP 中 POST 方法采集表单数据；
（3）能运用 PHP 中表单相关知识点完成数据的传值和验证等。

　　运用表单动态完成数据的采集是当前 Web 开发中非常重要的一个功能，在 PHP 程序中能灵活运用表单完成对客户录入数据的采集是为操作数据库时把数据存入数据库前的准备工作，只有能正确地完成数据的采集，才能存入到相应的数据库中去。

　　本项目首先讲解浏览器端数据的提交方式，然后再通过如何创建 FORM 表单实现浏览器端的数据的采集，最后应用 PHP 方法实现各种数据的采集学习。通过理论配合实例练习进行任务驱动学习，使读者能实现功能较为复杂的网站后台参数配置系统任务。

模块一　浏览器端数据提交方式

　　Web 应用程序中最重要的协议是 HTTP，它是基于"请求/响应"模式的。对于一个浏览器而言，客户端通过浏览器向 Web 服务器某 PHP 程序发送一个 HTTP 请求，PHP 程序接收到该"请求"后，进行数据的处理，最后由 Web 服务器将处理结果作为"响应"返回给浏览器展示给用户查看。具体工作流程如图 6-1 所示。

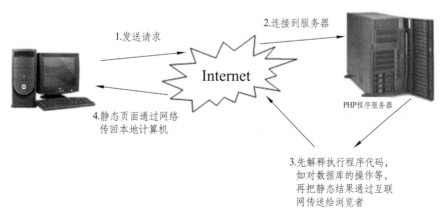

图 6-1　B/S 服务器工作原理

HTTP 请求方法有很多种，其中最为常用的请求方法就是 GET 和 POST 请求方法。也就是常说的浏览器向 Web 服务器提交数据的方式主要有以下两种：GET 提交方式和 POST 提交方式。当浏览器向 Web 服务器发送一条"GET 请求"时，浏览器以 GET 方式向 Web 服务器"提交"数据；同样当向服务器发送"POST 请求"时，浏览器会以 POST 方式向 Web 服务器"提交"数据。这就是浏览器向服务器进行数据提交的两种常用方法。

任务一　GET 方式提交网站参数配置

本任务以 GET 请求方式完成网站后台参数设置为案例，并结合到实际情况完成相应知识点学习。

GET 提交方式是将"请求"的数据以查询字符串（Query String）的方式加在 URL 之后进行"提交"数据的。如下面通过 GET 方法完成数据的传值中，先通过 Setconfig.html 进行网站参数的填写后，再通过 GET 方法将数据传输到对应的 Setconfig.php 页面完成数据的输出。案例效果如图 6-2 所示。

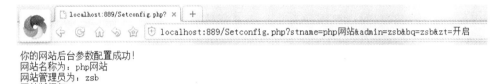

图 6-2　GET 方式提交网站参数配置效果图

在这个案例中的 URL 里面的"？"表示查询字符串的开始，"？"后面的字符串参数为查询字符串。可以看出查询的字符串中可以有多个参数，每个参数是以"参数名=参数值"来定义格式的，参数之间使用"&"符号相连，并将查询的字符串使用"？"附加在 URL 之后。

除了用字符串实现 GET 请求传值外，其实我们在 FORM 表单中也是提供了 GET 提交方式，后面在学习中会讲解到这种传值方法。下面这个案例是通过链接<a></a>标签的方法来实现 GET 提交方式。具体步骤如下所示：

步骤 1：在 F:\yuanma\6.1.1 目录下创建页面 Setconfig.html，用 VS Code 软件打开该页面后完成如下代码：

1.　<!DOCTYPE html>

2.　<html lang="en">

3.　<head>

4.　<meta charset="UTF-8">

5.　<meta name="viewport" content="width=device-width, initial-scale=1.0">

6.　<meta http-equiv="X-UA-Compatible" content="ie=edge">

7.　<title>URL 中使用 GET 方式传值</title>

8.　</head>

9.　<body>

10.　<a href="Setconfig.php?stname=php 网站&admin=zsb&bq=zsb&zt=开启">GET 提交方

式</a>

11.   </body>

12.   </html>

步骤2：用 VS Code 软件打开案例目录 F:\yuanma\6.1.1 并创建页面 Setconfig.php，在该页面后完成如下代码：

13.   <?php

14. $wzname=$_GET["stname"];

15. $wzadmin=$_GET["admin"];

16. $wzcopyright=$_GET["bq"];

17. $wzzt=$_GET["zt"];

18.   if($wzname!="" && $wzadmin!="")

19.   {

20.   echo "你的网站后台参数配置成功！";

21.   echo "</br>";

22.   echo "网站名称为：";

23.   echo $wzname;

24.   echo "</br>";

25.   echo "网站管理员为：";

26.   echo $wzadmin ;

27.   echo "</br>";

28.   echo   "网站版权归：";

29.   echo $wzcopyright ;

30.   echo "</br>";

31.   echo "网站状态为：" ;

32.   echo $wzzt;

33.   }

34.   else

35.   {

36.   echo "你的网站参数设置有问题，请重新设置！";

37.   }

38.   ?>

步骤3：打开浏览器并在地址栏中输入地址 http://localhost:889/6.1.1/Setconfig.php 后，显示如图 6-3 所示页面。

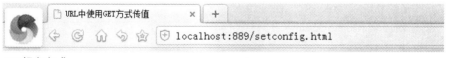

GET提交方式

图 6-3 使用超链接实现 GET 传值提交方式

步骤4：单击图6-3中的"GET提交方式"超链接后，Setconfig.html页面将触发Setconfig.php程序的运行，向 Setconfig.php 发送一个 GET 请求,并向 Setconfig.php 传递了四个参数。Setconfig.php 页面的运行效果如图6-4所示。

图 6-4　PHP 程序接收 GET 请求的数据

任务二　POST 提交网站参数设置方式

本任务是以 POST 数据提交方式完成网站后台参数设置为案例,POST 提交方式一般是通过表单来完成的,默认情况下 FORM 表单的数据提交方式为 GET 方式,在上一个任务中已经用另一种方式完成了 GET 请求和传值的讲解。如果要在表单中使用 POST 方式提交数据,那么需要在表单<form>标签中加入属性"method=post" </form>,才能将 FORM 表单的数据提交方式修改为 POST 方式。下面通过具体操作步骤来演示使用 FORM 表单实现 POST 方式完成网站参数配置的操作。

步骤1：用 VS Code 软件打开网站目录 F:\yuanma\6.1.2,并在目录下创建页面 Setconfig. html,为了使页面美观,并适应现在响应式的需要,我们引入了 bootstrap 相关样式表,对网页界面进行美化,完成如下代码进行页面布局:

```
<!DOCTYPE html>
<html lang="zh-CN">
<head>
    <meta charset="utf-8">
    <meta http-equiv="X-UA-Compatible" content="IE=edge">
    <meta name="viewport" content="width=device-width, initial-scale=1">
    <title>网站参数配置</title>
    <link href="../bs/css/bootstrap.min.css" rel="stylesheet">
    <!--[if lt IE 9]>
        <script src="https://oss.maxcdn.com/libs/html5shiv/3.7.3/html5shiv.js"></script>
        <script src="https://oss.maxcdn.com/libs/respond.js/1.4.2/respond.min.js"></script>
    <![endif]-->
</head>
<body>
<div class="container">
    <h2 class="page-header">网站参数设置</h2>
    <form class="form-horizontal" method="POST" action="Setconfig.php">
```

```html
    <div class="form-group">
    </div>
            <div class="form-group">
                <label for="sitename" class="col-sm-2 control-label">网站名称</label>
                <div class="col-sm-10">
                    <input type="text" class="form-control" name="sitename" placeholder="
网站名称">
                </div>
            </div>
            <div class="form-group">
                <label for="sitemaster" class="col-sm-2 control-label">管理员</label>
                <div class="col-sm-10">
                    <input type="text" class="form-control" name="sitemaster" placeholder="
管理员">
                </div>
            </div>
                <div class="form-group">
                    <label for="copyright" class="col-sm-2 control-label">版权信息</label>
                    <div class="col-sm-10">
                    <textarea class="form-control"    name="copyright" rows="3"></textarea>
                    </div>
                </div>
            <div class="form-group">
                <div class="col-sm-offset-2 col-sm-10">
                <button type="submit" class="btn btn-default">保存</button>
                <button type="reset" class="btn btn-default">重填</button>
                </div>
            </div>
        </form>
    </div>
    </body>
    </html>
```

步骤 2：VS Code 中创建页面 Setconfig.php 并存入 6.1.2 文件夹中，在该页面运用 POST 方式获取网页表单元素内容，完成如下代码：

```php
<?php
    $wzname=$_POST["sitename"];
    $wzadmin=$_POST["sitemaster"];
    $wzcopyright=$_POST["copyright"];
    if( $wzname!="" && $wzadmin!="")
    {
```

```
        echo "你的网站后台参数配置成功！";
        echo "</br>";
        echo "网站名称为：";
        echo $wzname;
        echo "</br>";
        echo "网站管理员为：";
        echo $wzadmin ;
        echo "</br>";
        echo   "网站版权归：";
        echo   $wzcopyright ;
    }
    else
    {
        echo "你的网站参数设置有问题，请重新设置！";
    }
?>
```

步骤3：打开浏览器并在地址栏中输入地址 http://localhost:889/6.1.2/Setconfig.html 后，显示如图6-5所示页面。

图6-5　使用表单实现POST提交传值方式

步骤4：单击图6-5中的"POST表单提交方式"后，Setconfig.html页面将通过POST中的 Action 页面触发 Setconfig.php 程序的运行，向 Setconfig.php 发送一个 POST 提交。Setconfig.php 页面通过$POST方法获得上一页面表单的值。运行效果如图6-6所示。

图6-6　PHP程序接收POST表单请求的数据效果

任务三 GET 与 POST 混合的方式

运用 FORM 表单可以实现 GET 和 POST 混合模式的提交方式，就是在 Web 服务器某 PHP 程序发送"GET 请求"的同时，也发送了"POST 请求"。下面我们在任务二的基础上进行改进来实现 GET 和 POST 混合提交方式。案例操作步骤如下：

步骤 1：用 VS Code 软件打开网站目录 F:\yuanma\6.1.3，并在目录下创建页面 Setconfig. html。为了使页面美观，并适应现在响应式的需要，我们引入了 bootstrap 相关样式表，对网页界面进行美化，完成如下代码进行页面布局：

```html
<!DOCTYPE html>
<html lang="zh-CN">
<head>
    <meta charset="utf-8">
    <meta http-equiv="X-UA-Compatible" content="IE=edge">
    <meta name="viewport" content="width=device-width, initial-scale=1">
    <title>网站参数配置</title>
    <link href="../bs/css/bootstrap.min.css" rel="stylesheet">
    <!--[if lt IE 9]>
        <script src="https://oss.maxcdn.com/libs/html5shiv/3.7.3/html5shiv.js"></script>
        <script src="https://oss.maxcdn.com/libs/respond.js/1.4.2/respond.min.js"></script>
    <![endif]-->
</head>
<body>
<div class="container">
    <h2 class="page-header">网站参数设置</h2>
    <form class="form-horizontal" method="POST" action="Setconfig.php?action=insert">
<div class="form-group">
</div>
        <div class="form-group">
            <label for="sitename" class="col-sm-2 control-label">网站名称</label>
            <div class="col-sm-10">
                <input type="text" class="form-control" name="sitename" placeholder="
                    网站名称">
            </div>
        </div>
        <div class="form-group">
            <label for="sitemaster" class="col-sm-2 control-label">管理员</label>
            <div class="col-sm-10">
                <input type="text" class="form-control" name="sitemaster" placeholder="
                    管理员">
```

```
                    </div>
                </div>
                    <div class="form-group">
                        <label for="copyright" class="col-sm-2 control-label">版权信息</label>
                        <div class="col-sm-10">
                        <textarea class="form-control"    name="copyright" rows="3"></textarea>
                        </div>
                    </div>
                <div class="form-group">
                    <div class="col-sm-offset-2 col-sm-10">
                    <button type="submit" class="btn btn-default">保存</button>
                    <button type="reset" class="btn btn-default">重填</button>
                        </div>
                </div>
            </form>
        </div>
    </body>
    </html>
```

步骤 2: VS Code 中创建页面 Setconfig.php 并存入 6.1.3 文件夹中, 在该页面中对照任务二中的代码做如下修改, 在 Setconfig.php 程序采集 GET 提交数据的同时, 还采集了 POST 提交数据, 完成后代码如下:

```php
<?php
    $wzname=$_POST["sitename"];
    $wzadmin=$_POST["sitemaster"];
    $wzcopyright=$_POST["copyright"];
    $method=$_GET["action"];
    if( $wzname!="" && $wzadmin!="")
    {
      echo "你的网站后台参数配置成功！";
      echo "</br>";
      echo "网站名称为: ";
      echo $wzname;
      echo "</br>";
      echo "网站管理员为: ";
      echo $wzadmin ;
      echo "</br>";
      echo   "网站版权归: ";
      echo   $wzcopyright ;
    }
    else
```

```
    {
        echo "你的网站参数设置有问题，请重新设置！";
    }
    echo "<br/>". $method;
?>
```

步骤3：打开浏览器并在地址栏中输入地址 http://localhost:889/6.1.3/Setconfig.html 后，显示如图 6-7 所示页面。

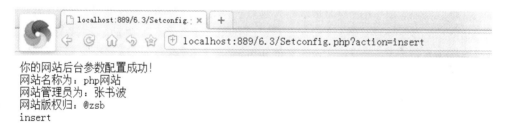

图 6-7　使用表单实现 POST 提交传值方式

步骤 4：单击图 6-7 中的"POST 表单提交方式"并结合上面的程序代码 6.1.3 后，Setconfig.html 页面将通过 POST 中的 Action 页面触发 Setconfig.php 程序的运行，向 Setconfig.php 发送一个 POST 提交。Setconfig.php 页面通过$POST 方法获得上一页面表单的值。运行效果如图 6-8 所示。

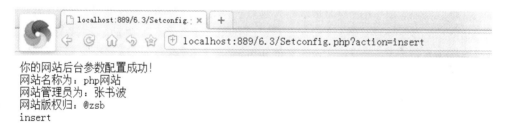

图 6-8　PHP 程序接收 POST 表单请求的数据效果

通过上面的讲解和实际案例的练习，GET 和 POST 提交方式都能实现浏览器端数据的提交和值的传递，它们之间的区别如下：

（1）POST 提交方式不受提交数据限制。理论上讲 POST 提交方式提交的数据没有大小限制，而 GET 提交方式提交的数据由于出现在 URL 查询字符串中，而 URL 的长度是受限制的，所以其长度也受到限制。例如：文章系统中提交信息较长时，不建议使用 GET 提交方式；并且带有文件上传功能的 FORM 表单必须使用 POST 提交方式。

（2）POST 提交方式比 GET 提交方式安全。这是因为 GET 提交方式提交的数据将出现在 URL 查询字符串中，并且这些带有查询字符串的 URL 可以被浏览器缓存到历史记录中。因此诸如登录、用户注册等对信息安全性要求较高的系统，不建议使用 GET 提交方式。

（3）两种不同的"提交"方式对应的服务器端数据"采集"方式也是不同的。

注：使用 POST 方式提交表单数据时，php.ini 配置中的 post_max_size 选项是用于配置 Web 服务器能够接收的最大表单数据大小限制的。post_max_size 的详细情况将在后面进行讲解。

模块二　相对路径与绝对路径

在上一模块中我们应用了 GET 和 POST 提交方式完成了数据采集的学习，对于初学者会发现不管是使用的超链接的 GET 提交方式，还是使用的 FORM 表单中的 POST 和 GET 提交方式，都会遇到一个问题，那就是相对路径和绝对路径两个概念。如上项目中，从 HTML 页面到 PHP 页面提交时到底是用相对路径还是绝对路径，哪种才是最好的呢，这就是本项目要讨论的问题。

任务一　什么是相对路径

相对路径可以分为两类：server-relative 路径与 page-relative 路径。

server-relative 路径是以斜杠"/"开头的相对路径。在 HTML 中，以斜杠"/"开头的相对路径表示从 Web 服务器的主目录下开始查找相应的资源文件。使用默认配置安装 WAMP 后，目录"F:/yuanma"为 Apache 服务器的主目录，因此使用相对路径"/index.php"访问资源时，访问的是目录"F:/yuanma"下的 index.php 页面；使用相对路径"/6.1/setconfig.html"访问资源时，访问的是目录"F:/yuanma"中的目录"6.1"下的 setconfig.html 文件。

page-relative 路径不以斜杠开头。此时当文件 1 访问文件 2（HTML 页面、PHP 程序或样式表等）资源时，将从文件 1 的当前目录作为起点查找文件 2 资源。例如当目录"F:/yuanma/6.2/"中的 setconfig.html 文件使用超链接访问该目录下的 setconfig.php 文件时，只需在 setconfig.html 文件的超链接中直接指定 setconfig.php 文件即可。

一、同一个目录下的资源访问

如果文件 1 和文件 2 在同一个目录，这两个文件间的相互访问直接使用文件名即可。

二、如何表示当前目录

用"."表示文件的当前目录。

三、如何表示上级目录

用"../"表示文件所在目录的上一级目录，"../../"表示文件所在目录的上上级目录，以此类推。

四、如何表示下级目录

如果文件 1 访问下级目录中的文件 2，直接指定该目录和文件 2 的文件名即可。

任务二　什么是绝对路径

绝对路径是与相对路径相对立的，它通常是一个完整的 URL，该 URL 由以下 3 部分构成：

（1）scheme：用来描述寻找数据所采用的机制。

（2）host：用来描述存有该资源的服务器 IP 地址或者服务器域名。

（3）path：指明服务器上某个资源的具体路径，如目录和文件名等。

第 1 部分和第 2 部分之间用 "://" 符号隔开，第 2 部分和第 3 部分用 "/" 符号隔开。第 1 部分和第 2 部分是不可缺少的，第 3 部分有时可以省略。例如 "http://www.php.net/index.php" 就是一个绝对路径 URL，它表明了这样一个含义：使用 HTTP 协议从一个域名为 www.php.net 的 Web 服务器上获取 index.php 页面资源信息，其中 "/index.php" 可以省略。

模块三　运用 FORM 表单实现浏览器端数据采集

PHP 中表单 FORM 总共由 3 部分组成：

（1）表单标签：定义了表单处理程序及数据提交方式等信息。

（2）控件：包括文本框、密码框、多行文本框、隐藏域、单选框、复选框、单选按钮组、复选按钮组、下拉选择框和文件上传框等表单控件。

（3）按钮：包括提交按钮、复位按钮和一般按钮。

任务一　表单标签

表单标签\<form\>\</form\>常用的属性有 name、method、action、enctype、title 等。

（1）name 属性为当前的 FORM 表单命名。

（2）method 属性设置表单数据的提交方式。method 属性的值为 GET 或 POST，默认为 GET。

（3）action 属性设置当前表单数据 "提交" 的目的地址。当不设置 action 属性，或设置值等于空字符串（即 action=""）时，表单数据提交给当前页面。

（4）enctype 属性设置提交表单数据时的编码方式。enctype 属性的值为 multipart/form-data 或 application/x-www-form-urlencoded，默认为 application/x-www-form-urlencoded。当一个 FORM 表单中存在文件上传框时，必须将 enctype 属性设置为 multipart/form-data 编码方式。

（5）title 属性设置表单的提示信息。当用户的鼠标在表单处停留时，浏览器用一个黄色的小浮标显示提示文本。

例如：在程序 form.php 中添加如下代码，运行结果如图 6-9 所示。

\<form action="register.php" method="post" title="这个是 PHP 中表单的简单运用" enctype="multipart/form=data"\>

　　　　这是 FORM 表单区域

\</form\>

图 6-9　表单标签运行效果图

任务二　表单控件分类

表单控件都要包含在表单标签<form></form>内，只有把表单控件添加到表单标签内才能便于浏览器用户填写、收集数据。这些常用的表单控件主要有单行文本框、密码框、文本域、隐藏域、单选框、复选框、单选按钮组和复选按钮组等。

一、单行文本框

单行文本框是主要用于让浏览者输入内容的表单控件，通常被用来填写简短的文字，如姓名、用户名等。

代码格式如下：

示例代码	<input type="text"　name="txtname"　size="20"　maxlength="30"　value="张三">
显示效果	用户名：张三

对上面的属性解释如下：

type="text" 定义了文本框的输入类型为单行文本框。

name="txtname" 表示此单行文本框的名字为 txtname。

size="20" 定义了文本框的宽度为 20 字符。

maxlength="30" 定义了文本框最多允许输入的字符个数为 30 个。

value="张三" 定义了文本框的默认值为张三。

二、密码框

密码框也属于文本框中的一个类型，它的主要作用是将用户登录或是注册时输入的密码用 "*" 隐藏起来，不让别人看见。具体代码格式如下：

示例代码	<input type="password"　name="txtpwd"　size="20"　maxlength= "30" value=" >
显示效果	密码：••••••••••

对上面的属性解释如下：

type="password" 定义了文本框的输入类型为密码框。

name=" txtpwd " 表示此密码框的名字为 txtpwd。

size="20" 定义了密码框的宽度为 20 字符。

maxlength="30" 定义了密码框最多允许输入的字符个数为 30 个。

value=" " 定义了密码框的初始值。

三、多行文本框

文本框类型中的另一个类型是多行文本框，它是用于浏览者用户输入的表单对象，能够让浏览器用户填写较长的内容，如备注、个人爱好等。具体代码及运行效果如下：

示例代码	备注：<textarea name="txtcontent" cols="20" rows="2" value="" type="text" > content </textarea>
显示效果	备注： content

对上面的属性解释如下：

type="text" 定义了文本框的输入类型为单行文本框。

name=" txtcontent " 表示此多行文本框的名字。

cols ="20" 定义了多行文本框的宽度。

rows ="30" 定义了文本框的高度。

content 定义了多行文本框的默认显示的内容。

四、隐藏域

文本框类型中的隐藏域主要用来保存一些特定的信息，对于浏览者来说，隐藏域是看不见的，但是在表单提交时可以将隐藏域中的相关数据一起发送给 Web 服务器进行数据的接收。代码及运行效果如下：

示例代码	<input type="hidden" name="" size="" maxlength="30" value= "20180101" >
显示效果	前台看不到内容，只有提交会把数据传入 Web 服务器中处理

对上面的属性解释如下：

type="hidden" 定义了文本框的输入类型为隐藏域。

name 表示此隐藏域的名字。

size="20" 定义了隐藏域的宽度为 20 字符。

maxlength="30" 定义了隐藏域最多允许输入的字符个数为 30 个。

value="20180101 " 定义了隐藏域的初始值。

五、单选框

单选框用来为浏览的用户提供一系列的选项进行选择，应注意同一组合内的单选框之间是相互排斥的，所以只能选择其中之一。代码及运行效果如下：

示例代码	<input type="radio" name="sex" id="ra1" value="ra1" checked> <label for="ra1">男</label> <input type="radio" name="sex" id="ra2" value="ra1"> 女<label for="ra2"></label>
显示效果	⊙ 男 ○ 女

对上面的属性解释如下：

type="radio" 定义了文本框的输入类型为单选框。

name 属性为单选框的命名，单选框都是以组为单位使用的，同一组中的单选框 name 属性值必须相同。

checked 属性定义了初始状态时该单选框是被选中的，该属性是没有具体的取值内容的。

value 属性定义了单选框的值。

六、复选框

复选框是用来为浏览者用户提供一系列的选项进行选择。代码及运行效果如下：

示例代码	兴趣爱好： <input type="checkbox" name="sel1" id="sel1" value="book" checked> <label for="sel1">看书</label> <input type="checkbox" name="sel2" id="sel2" value="foot" checked> <label for="sel2">打球</label> <input type="checkbox" name="sel3" id="sel3" value="music"> <label for="sel3">音乐</label>
显示效果	兴趣爱好： ☑ 看书 ☑ 打球 ☐ 音乐

对上面的属性解释如下：

type="checkbox" 定义了文本框的输入类型为复选框。

name 属性为单选框的命名，复选框都是以组为单位使用的，同一组中的复选框 name 属性值必须相同。

checked 属性定义了初始状态时该复选框是被选中的，该属性是没有具体的取值内容的。

value 属性定义复选框的值。

七、下拉选择框

下拉列表框分为单选和多选两种。单选下拉列表框允许用户在一系列的下拉选项中只能选择一个，它有点类似于单选按钮。多选下拉列表框允许用户选择多个，它类似于复选按钮。代码及运行效果如下：

单选下拉
示例代码
	<label for="selsex">性别</label>
	    <select name="selsex" id="selsex">
	      <option value="男">男</option>
	      <option value="女">女</option>
	    </select>

单选下拉 显示效果	性别 男 ▼ 男 女

多选下拉
示例代码
	`<p>`
	　　`<label for="selah">爱好</label>`
	　　`<select name="selah" size="5" multiple id="selah">`
	　　　`<option value="体育">体育</option>`
	　　　`<option value="看书">看书</option>`
	　　　`<option value="音乐" selected>音乐</option>`
	　　`</select>`
	`</p>`

多选下拉 显示效果	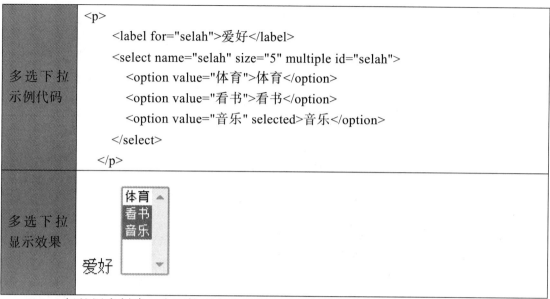

Select 标签用来创建一个下拉列表选择框。对上面的属性解释如下：

name 属性为下拉列表框的名字。

size 属性指定了下拉选择框的高度，一般默认是为 1 的。

multiple 属性指定了该下拉选择框是多选下拉选择框的。该属性没有具体的取值，如果没有 multiple 属性表示下拉选择框为单选框。当有此属性时，下拉列表框为多选，按住 Ctrl 键，同时单击选择项可以进行多选，或者按住 Shift 键可以进行连续多选。

option 标签用于定义下拉选择框的一个选项，它放在`<select></select>`标签之间。对 option 标签的属性解释如下：

value 此属性指定每个选项的值。如果该属性没有定义，选项的值为`<Option></Option>`之间的内容。

Selected 属性指定初始状态时，该选项是选中状态。该属性没有具体的取值。

八、文件域

客户可以通过浏览器访问网站，再通过表单中的文件域进行文件的选择，当表单提交的时候，该文件会同其他表单数据一起提交。该控件跟单行文本框很相似，只是多了一个浏览按钮。访问用户可以直接输入文件的地址或者单击"浏览"完成文件的选择。

示例 代码	`<label for="myfile">选择文件：</label>` `<input type="file" name="myfile" id="myfile" size="50" maxlength="100">`
显示 效果	选择文件：`C:\Users\Administrator\Desktop\暑假练字文档.docx`　浏览…

对上面的属性解释如下：

type="file" 定义了文件域的输入类型为文件上传框。

name="myfile" 表示此文件域的名字为 myfile。

size="50" 属性定义了文件域的宽度为 50 字符。

maxlength="100" 属性定义了文件域最多允许输入的字符个数为 100。

id=" myfile " 属性定义了文件域的唯一标识。

九、图像域

通过插入图像域可以把需要的图片插入到表单的图像域控件中，再通过提交方式提交给服务器。

示例代码	`<label for="filepic">`上传图片：`</label>` `<input type="image" name="filepic" id="filepic" src="../images/3.jpg">`
显示效果	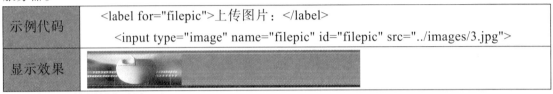

对上面的属性解释如下：

type="image" 定义了图像域的输入类型为文件上传框。

name="filepic" 表示此图像域的名字为 filepic。

src="../images/3.jpg" 属性定义了图像域的图片地址。

id=" filepic " 属性定义了图像域的唯一标识。

注：① 表单各控件中的属性之间一定要用空格分隔开。② 表单控件嵌套在 FORM 表单中才有意义，且每个表单控件都要用一个 name 属性进行标识，这是因为表单控件的 name 属性是用来判断传递给服务器的每个值分别是由哪个表单控件产生。为了确保数据的准确采集，需要为每个表单控件定义一个独一无二的名称（同为一个组的单选框以及在表单控件中使用数组两种情况除外）。③ HTML 标签名和属性名大小写不敏感。

任务三　表单控件中使用数组

表单中控件数组的应用主要是在一个 HTML 页面中，有时并不确定某个控件的具体个数。比如在进行多个文件或是图片上传时，并不能确定浏览器用户究竟选择多少个上传对象，更无法确定页面中需要多少个文件上传框。基于这种情况，在表单控件中运用数组可以解决这类问题。

通常做法是在表单控件的 name 属性值后面加上方括号"[ ]"，这样就可以实现在表单控件中使用数组。使用表单控件数组后，当表单提交时，相同 name 属性的表单控件则以数组的方式向 PHP 服务器提交多个数据。具体代码及效果如下：

多个文件上传	文件 1：`<input type="file" name="myfile[]"> ` 文件 2：`<input type="file" name="myfile[]"> ` 文件 3：`<input type="file" name="myfile[]"> `
单选下拉显示效果	文件1：　　　　　　　　　　浏览… 文件2：　　　　　　　　　　浏览… 文件3：　　　　　　　　　　浏览…
备注	在 PHP 中可以应用 $FILES['myfile']的方式 采集所有上传文件的信息

任务四　表单按钮

表单按钮主要有提交按钮 submit、重置按钮 reset、自定义按钮 button 和图像按钮 image。提交和图像按钮主要是用于提交表单的数据的，重置按钮用于将表单中的数据清除并恢复到最原始的状态，自定义按钮要结合到 JavaScript 使用才能发挥到相应的作用。

一、提交按钮

提交按钮的主要作用是将表单中的数据通过 FORM 中的 action 属性值再通过 Web 服务器提交到相应的页面中去。

一般提交按钮	<input type="submit" name="add" value="一般提交按钮">
显示效果	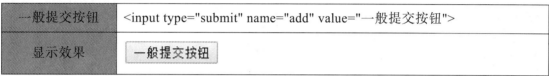

对上面的属性解释如下：

type="submit" 定义了按钮类型为提交按钮。

name="add" 表示此按钮的名字为 add。

value 属性定义提交按钮上的显示文字内容。

二、图像按钮

图像按钮与一般提交按钮的作用是相似的，不同之处在于图像按钮有图片，也就是在图像按钮的属性中要添加一个 src 属性指定图像的路径。图像按钮相比一般按钮要美观些。

图像按钮	<input type="image" name="add" src="../image/timg.jpg">
显示效果	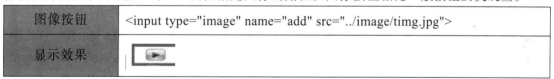

对上面的属性解释如下：

type="image" 定义了按钮类型为图像按钮。

name="add" 表示此按钮的名字为 add。

src 属性定义了图像按钮的图片地址，注意这里要用相对地址不要用绝对地址。

三、重置按钮

重置按钮与一般提交按钮有很大的区别，重置按钮也并不是简单地把表单控件的信息清空，而是将表单控件恢复到原始值的状态，这里的原始值状态也就是表单控件的 value 值来决定的。

重置按钮	<input type="reset" name="reset" value="重新填写">
显示效果	重新填写

对上面的属性解释如下：

type="reset"定义了按钮类型为重置按钮。

name="reset" 表示此按钮的名字为 reset。

value 属性定义了重置按钮上显示的文字。

四、自定义按钮

自定义按钮与一般按钮、重置按钮都有很大的区别，它需要结合到 JavaScript 代码来使用才能发挥它的作用。

重置按钮	`<input type="button" name="ADD"  value="添加" onclick="javascript:alert('这个就是自定义按钮的单击事件触发添加效果！')">`
	`<input type="button" name="change"  value="修改" onclick="javascript:alert('这个就是自定义按钮的单击事件触发修改效果！')">`
	`<input type="button" name="del"  value="删除" onclick="javascript:alert('这个就是自定义按钮的单击事件触发删除效果！')">`

显示效果	添加　修改　删除
说明	一个 HTML 网页中可以有多个 FORM 表单，各个表单之间，可以用不同的名字进行标识，同时一个表单上面也可以有多个不同的自定义按钮，各个按钮之间也可以用不同的名字进行标识。 　　如上面的案例，当点击添加按钮时，将触发添加按钮对应的 onclick 事件完成相应事件的功能，同时对后面的修改、删除按钮也可以完成不同的事件。 　　虽然上面页面中有三个不同名字的按钮，但是它们不能同时响应，只能点击了哪个按钮，哪个按钮才能传递属性值，完成对应数据的传送

对上面的属性解释如下：

type="button" 用于定义按钮的类型。

name 表示此按钮的名字。

value 属性定义了自定义按钮上显示的文字。

onclick 属性定义了按钮要调用的事件名，以及触发的 JavaScript 程序。

任务五　FORM 表单的综合运用案例

通过上面对表单控件及相应属性的学习，相信大家对表单运用已经有了初步的认识，下面结合当前表单经常用到的实际案例来完成一个综合实训。

用户注册表单实现效果图如 6-10 所示，具体实现步骤如下：

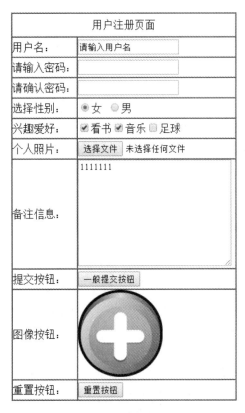

图 6-10　表单案例综合应用

步骤 1：打开 sublime，打开网站站点 6.3.5，新建网页 6.3.5.html（见图 6-11）。再在网页中插入文本框，并设置文本框的 3 种不同类型。具体代码如下：

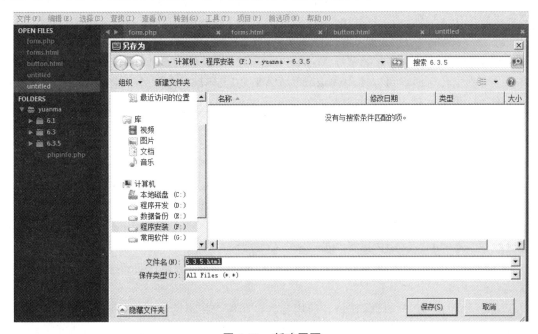

图 6-11　新建网页

```
<tr height="30px">
    <td><label for="txtname">用户名: </label></td><td><input type="text" name="txtname" value="请输入用户名" size="20" maxlength="30"></td>
    </tr>
    <tr height="30px">
    <td><label for="pwd">请输入密码: </label></td><td>    <input    type="password" name="pwd" size="20" maxlength="30"></td>
</tr>
<tr height="30px">
    <td>    <label  for="pwd">请确认密码: </label></td><td><input  type="password"  name= "pwd1" size="20" maxlength="30"></td>
    </tr>
```

步骤2：通过分析，用户注册经常需要用到文本框、密码框、复选框、单选按钮、文本域、文件域以及几种按钮，因为兴趣爱好选项为复选框，并且 3 个复选框定义为一个数组，所以需要在作为复选框的名字后面加上[]，从而实现名字为 xqah 的复选框一次性可以向 Web 服务器提交多个数据。关键设置如下：

```
<tr height="30px">
    <td>兴趣爱好: </td><td>
    <input type="checkbox" name="xqah[]" value="book" checked>看书
    <input type="checkbox" name="xqah[]" value="music" checked>音乐
    <input type="checkbox" name="xqah[]" value="foot" >足球</td>
    </tr>
```

步骤3：因为该表单中存在文件上传框等，所以在<form></form> 标签中的 method 属性值必须设置为"post"属性值，enctype 属性必须设置为 "multipart/data"。如下所示：

```
<form action="register.php" method="post" enctype="multipart/data">
```

步骤4：因为该表单存在隐藏域 MAX_FILE_SIZE，其值为 2018（单位：字节）。当表单中有多个文件上传框时，可以使用隐藏域的 MAX_FILE_SIZE 来限制文件上传的大小。

注意，这里的文件上传大小限制的控件（隐藏域）一定要放在文件上传框之前，否则无法实现文件上传的限制。

步骤5：由于6_3_5.html 中有多个提交按钮，所以，要为每一个按钮设置不同的 name 属性来区分，如下代码：。

```
<tr height="30px"> <td>提交按钮: </td><td><input type="submit" name="add" value="一般提交按钮"></td></tr>
    <tr height="30px"><td>图像按钮: </td><td><input type="image" name="picadd" value="图像提交按钮" src="images/b1.png"></td></tr>
    <tr height="30px"><td>重置按钮: </td><td><input type="reset" name="reset" value="重置按钮"></td></tr>
```

步骤6：页面上有一个图像按钮，所以要为该图像按钮指定一个图片地址，应注意的是，这里的图片地址一定要用相对地址，不能使用绝对地址，否则设置的图片无法正常显示。具体代码如下：

<tr height="30px"><td>图像按钮：</td><td><input type="image" name="picadd" value="图像提交按钮" src="images/b1.png"></td></tr>

根据上面 6 步进行设置后，整个表单的用户注册的综合案例就完成了。那么又如何去采集表单中控件的值的数据就成了接下来要思考和解决的问题了。

模块四　使用$_GET 和$_POST 采集表单数据

PHP 中预定义了很多变量，其中包括有$_POST、$_GET、$_FILES、$_REQUEST、$_SERVER、$_COOKIE、$_ENV 和$_SESSION 等。这些预定义变量中的数据类型均为数组方式。

任务一　使用$_POST 和$_GET 方式完成表单数据的采集输出

当浏览器向 Web 服务器某 PHP 程序提交数据后，该 PHP 程序应该根据其"提交"方式决定使用何种数据"采集"方法。如浏览器中使用的是$_POST 方式提交数据时，服务器端应使用预定义变量$_POST 方式采集提交数据。当使用的是 GET 方式提交数据时，服务器端使用预定义变量$_GET 方式采集提交的数据。现根据之前完成的用户注册表单来添加一个 regedit.php 页面，完成对表单中填写的个人信息的采集并显示。实现步骤如下：

步骤 1：将上一任务表单页面布局的界面拷贝过来，改名为 6.4.1.html。具体页面代码与之前相同，此处不再重复介绍。

步骤 2：新建程序页面 regedit.php，完成表单信息的采集和输出显示。现对 regedit.php 页面代码说明如下：

（1）用户名、密码、性别和个人介绍等数据通过简单地获取表单中提交过来的值即可，所以采取的方法为$_POST['表单控件名称']。

（2）兴趣爱好为复选框，是定义的一个数组值，因此$_POST ['xqah'] 的数据类型为数组，在程序 regedit.php 中运用了 foreach 语句来遍历获取数组值。

（3）这里提交按钮有两个，一个是一般提交按钮，一个是图像按钮，所以运用了一个条件语句来判断到底是用的什么方式来提交数据：isset($_POST['add'])?"普通提交按钮":"图像提交按钮"。

（4）照片选项为文件上传框，使用$_POST['photo']，将无法采集到个人相关的任何信息，PHP 语句中的输入信息 ECHO 将产生 Notice 信息。文件上传的功能会在我们后面学习了预定义变量$_FILES 采集时进行详细讲解。

（5）本任务是用的预定义变量$_POST 方法来获得值的，用$_GET 方法操作很相似，就不在这里进行重复操作。

下面是通过$_POST 方式完成页面表单布局到表单数据的采集输出的一个案例。具体如下，$_GET 方式与这种方式相似，读者可以参照完成。

页面布局代码6.4.1.html	```html
	<!DOCTYPE html>
	<html>
	<head>
	<meta charset="utf-8">
	<title>表单案例-用户注册页面</title>
	</head>
	<body>
	<form action="regedit.php" method="post" enctype="multipart/data">
	<table border="1" align="center" cellpadding="0" cellspacing="0">
	<tr align="center" height="35px"><td colspan="2">用户注册页面</td></tr>
	<tr height="30px">
	<td><label for="txtname">用户名：</label></td><td><input type="text" name="txtname" value="请输入用户名" size="20" maxlength="30"></td>
	</tr>
	<tr height="30px">
	<td><label for="pwd">请输入密码：</label></td><td> <input type="password" name="pwd" size="20" maxlength="30"></td>
	</tr>
	<tr height="30px">
	<td> <label for="pwd">请确认密码：</label></td><td><input type="password" name="pwd1" size="20" maxlength="30"></td>
	</tr>
	<tr height="30px">
	<td><label for="sex">选择性别：</label></td><td><input type="radio" name="sex" value="女" checked>女 <input type="radio" name="sex" value="男">男</td>
	</tr>
	<tr height="30px">
	<td>兴趣爱好：</td><td>
	<input type="checkbox" name="xqah[]" value="book" checked>看书
	<input type="checkbox" name="xqah[]" value="music" checked>音乐
	<input type="checkbox" name="xqah[]" value="foot" >足球</td>
	</tr>
	<tr height="30px"><td><label for="photo">个人照片：</label></td><td>
	<input type="hidden" name="maxsize" value="2048">
	<input type="file" name="photo" size="30" maxlength="50">
	</td>
	</tr>
	<tr height="30px">
	``

	`<td><label for="photo">个人介绍：</label></td><td><textarea name="bz" cols="30" rows="10">填写备注信息：</textarea></td>`
	
	`</tr>`
	
	`<tr height="30px"> <td>提交按钮：</td><td><input type="submit" name="add" value="一般提交按钮"></td></tr>`
	
	`<tr height="30px"><td>图像按钮：</td><td><input type="image" name="picadd" value="图像提交按钮" src="images/b1.png"></td></tr>`
	
	`<tr height="30px"><td>重置按钮：</td><td><input type="reset" name="reset" value="重置按钮"></td></tr>`
	
	`</table>`
	
	`</form>`
	
	`</body>`
	
	`</html>`

Php 程序采集数据代码 regedit. php	```php
	<?php
	//若提交的表单数据超过 post_max_size 的配置，表单数据提交失败，程序立即终止执行
	if(empty($_POST)){
	exit("您提交的表单数据超过 post_max_size 的配置！<hr/>");
	}
	echo "您填写的用户名为：".$_POST['txtname'];
	echo "<hr/>";
	
	echo "您填写的登录密码为：".$_POST['pwd'];
	echo "<hr/>";
	echo "您填写的确认密码为：".$_POST['pwd1'];
	echo "<hr/>";
	echo "您填写的性别为：".$_POST['sex'];
	echo "<hr/>";
	echo "您填写的个人爱好为：";
	foreach($_POST['xqah'] as $xqah){
	echo $xqah." ";
	}
	echo "<hr/>";
	$myPicture = $_FILES['photo'];
	$error = $myPicture['error'];
	switch ($error){
	case 0:
	    $myPictureName = $myPicture['name'];
	    echo "您的个人相片为：".$myPictureName. "<hr/>";
	``

	``php
	$myPictureTemp = $myPicture['tmp_name'];
	$destination = "upload/".$myPictureName;
	move_uploaded_file($myPictureTemp,$destination);
	echo "文件上传成功！ <hr/>";
	break;
	case 1:
	echo "上传的文件超过了 php.ini 中 upload_max_filesize 选项限制的值！<hr/>";
	break;
	case 2:
	echo "上传文件的大小超过了 FORM 表单 MAX_FILE_SIZE 选项指定的值！<hr/>";
	break;
	case 3:
	echo "文件只有部分被上传！<hr/>";
	break;
	case 4:
	echo "没有选择上传文件！<hr/>";
	break;
	}
	echo "<hr/>";
	echo "上传相片的文件大小不能超过：".$_POST['maxsize']."字节";
	echo "<hr/>";
	echo "您填写的个人简介信息为：".$_POST['bz'];
	echo "<hr/>";
	echo "您单击的提交按钮为：";
	echo isset($_POST['add'])?"普通提交按钮":"图像提交按钮";
	?>
	``

运行 效果	您填写的用户名为：test 您填写的登录密码为：123 您填写的确认密码为：123 您填写的性别为：male 您填写的个人爱好为：book music **Notice**: Undefined index: photo in **F:\yuanma\6.4\regedit.php** on line 20 您的个人相片为： 文件上传成功！ 上传相片的文件大小不能超过：2048字节 您填写的个人简介信息为：个人介绍信息 您单击的提交按钮为：图像提交按钮
说明	因为此处用了文本框上传图片，再通过 POST 方式进行采集这里是不到的，所以有一个提示 Notice 值信息。

模块五　Web 服务器端其他采集表单数据方法

PHP 中除了前面介绍的方法还提供了其他预定变量完成数据的采集，比如对浏览器或服务器主机的相关信息（如 IP 地址、浏览者时间、浏览者身份等）的采集。

任务一　预定义变量$_SERVER

使用预定义变量$_SERVER 可以得到浏览器及服务器主机的一些信息，具体实现效果如下：

$_SERVER["REMOTE_ADDR"]：获取浏览器主机的 IP 地址。

$_SERVER["SERVER_ADDR"]：获取服务器主机的 IP 地址。

$_SERVER["PHP_SELF"]：获取当前执行程序的文件名。

$_SERVER['QUERY_STRING']：获取 URL 的查询字符串。

$_SERVER['DOCUMENT_ROOT']：获取 Web 服务器主目录。

$_SERVER["REQUEST_URI"]：获取除域名外的其余 URL 部分。

$_SERVER["PHP_NAME"]：获取服务器主机名。

$_SERVER["PHP_PORT"]：获取 Web 服务器提供的 HTTP 服务器端口号。

$_SERVER["PHP_HOST"]：获取 Web 服务器主机名。

实现代码及效果如下：

$_SERVER 采集数据代码	<pre><?php
	echo "获得浏览器或是服务器的一些相关信息<hr>";
	$clientIP = $_SERVER['REMOTE_ADDR'];
	$serverIP = $_SERVER['SERVER_ADDR'];
	$self = $_SERVER['PHP_SELF'];
	$serverName = $_SERVER['SERVER_NAME'];
	$serverPort = $_SERVER['SERVER_PORT'];
	$httpHost = $_SERVER['HTTP_HOST'];
	$queryString = $_SERVER['QUERY_STRING'];
	$documentRoot = $_SERVER['DOCUMENT_ROOT'];
	$requestURI = $_SERVER["REQUEST_URI"];
	echo "浏览器 IP 地址：".$clientIP."<hr>";
	echo "WEB 服务器 IP 地址：".$serverIP."<hr>";
	echo "当前程序相对路径：".$self."<hr>";
	echo "WEB 服务器名：".$serverName."<hr>";
	echo "WEB 服务器端口号：".$serverPort."<hr>";
	echo "WEB 服务器名：".$httpHost."<hr>";
	echo "查询字符串：".$queryString."<hr>";
	echo "WEB 服务器根目录：".$documentRoot."<hr>";</pre>

	echo "请求 URI： ".$requestURI."<hr>"; ?>
输出效果	 获得浏览器或是服务器的一些相关信息 浏览器IP地址：::1 WEB服务器IP地址：::1 当前程序相对路径：/6.5/server.php WEB服务器名：localhost WEB服务器端口号：889 WEB服务器名：localhost:889 查询字符串： WEB服务器根目录：F:/yuanma 请求URI：/6.5/server.php
说明	如果 Web 服务器 HTTP 服务端口不是 80 时，$_SERVER['HTTP_HOST']有端口号输出，因此在这种情况下，可以理解成：HTTP_HOST= SERVER_NAME:SERVER_PORT。在实际应用中，应尽量使用$_SERVER['HTTP_HOST']，它相对可靠些。

模块六　表单运用综合实训案例

【实训目的】

（1）掌握 PHP 中采集表单数据方法，表单的定义，表单控件中值的传递；

（2）掌握文件的读，写方法。

【实训内容】

1. 实训题目

网站后台参数配置运用与实现案例。

2. 实训任务效果

实训任务效果如图 6-12 所示。

图 6-12　实训任务效果图

3. 实训步骤

步骤 1：创建表单页面 setconfig.html。

步骤 2：获取文件(config.php)内容并转为数组，再转为 JSON 数据 setconfig.php。

步骤 3：读取数据并显示到 HTML 页面。

步骤 4：把数据写入到页面中（config.php），通过 setconfig.php 完成。

具体代码及结构如下：

1）config.php

```php
<?php
define("ISOPEN", true);
define("SITENAME", "个人博客");
define("MASTER", "ghfhfghgh324234er545435");
define("COPYRIGHT", "cqie@comtt234234ttdfghfghg");
```

2）setconfig.php

```html
<!DOCTYPE html>
<html lang="zh-CN">
<head>
    <meta charset="utf-8">
    <meta http-equiv="X-UA-Compatible" content="IE=edge">
    <meta name="viewport" content="width=device-width, initial-scale=1">
    <title>网站参数配置</title>
    <link href="bs/css/bootstrap.min.css" rel="stylesheet">
    <!--[if lt IE 9]>
        <script src="https://oss.maxcdn.com/libs/html5shiv/3.7.3/html5shiv.js"></script>
        <script src="https://oss.maxcdn.com/libs/respond.js/1.4.2/respond.min.js"></script>
    <![endif]-->
</head>
<body>
<div class="container">
    <h2 class="page-header">网站参数设置</h2>
    <form class="form-horizontal">
        <div class="form-group">
            <div class="col-sm-offset-2 col-sm-10">
                <div class="checkbox">
                    <label>
                        <input type="checkbox" id="isopen"> 是否开启
                    </label>
                </div>
            </div>
        </div>
```

```html
<div class="form-group">
    <label for="sitename" class="col-sm-2 control-label">网站名称</label>
    <div class="col-sm-10">
        <input type="text" class="form-control" id="sitename" placeholder="网站
            名称">
    </div>
</div>
<div class="form-group">
    <label for="sitemaster" class="col-sm-2 control-label">管理员</label>
    <div class="col-sm-10">
        <input type="text" class="form-control" id="sitemaster" placeholder="
            管理员">
    </div>
</div>
    <div class="form-group">
        <label for="copyright" class="col-sm-2 control-label">版权信息</label>
        <div class="col-sm-10">
        <textarea class="form-control" id="copyright" rows="3"></textarea>
        </div>
    </div>

    <div class="form-group">
        <div class="col-sm-offset-2 col-sm-10">
            <button type="submit" class="btn btn-default">保存</button>
        </div>
    </div>
</form>
</div>
<script src="bs/js/jquery.min.js"></script>
    <!-- 加载 Bootstrap 的所有 JavaScript 插件。你也可以根据需要只加载单个插件。
-->
    <script src="bs/js/bootstrap.min.js"></script>
<script type="text/javascript">
$(function(){
        $.getJSON('api/getconfig.php', function(json, textStatus) {
                $('#sitename').val(json.sitename1);
                $('#sitemaster').val(json.master);
                $('#copyright').val(json.copyright);
                $('#isopen').prop('checked',json.isopen);
                //$('#isopen').val(json.isopen);
```

```
//写入数据到 config.php,,借助 setconfig.php
$('form').submit(function(e) {
    // 阻止提交表单的默认行为。
    e.preventDefault();
    // 获取各表单元素的数据。
    let obj={
        'isopen': $('#isopen').prop('checked'),
        'sitename': $('#sitename').val(),
        'master': $('#sitemaster').val(),
        'copyright': $('#copyright').val()
    };
    // 发送请求
    // get 请求传值的方式是通过 URL，格式是：url?p1=v1&p2=v2
    // http://www.cqie.cn/news.php?id=5
    $.post("api/setconfig.php", obj, function (data, textStatus, jqXHR) {
        window.alert(data);
    });
});
        });
    });
</script>
</body>
</html>
```

【参考知识点】

（1）HTML5+CSS3+JS: w3school.com.cn。

（2）Bootstrap 相关知识点：v3.bootcss.com。

本案例重点完成从表单的布局到对表单数据的获取并显示到表单项中，以及通过提交的方式把表单数据写入到一个网站参数配置文件中。

课后习题

一、选择题

1. 有如下的 PHP 程序代码。在表单 FORM 中定义了两个文本框和一个按钮，具体代码如下所示，当在文本框中分别输入姓名张三和李四并单击提交按钮时，表单页面中打印的内容是什么？（　　　）

表单代码如下：

```
<form action="test.php" method="get">
<input type="text" name="xm[]">
```

```
<input type="text" name="xm[]">
<input type="submit" value="提交">
```
Test.php 程序代码如下：
```
if(isset($_post['xm']))
echo $_post['xm'];
```
A. Array　　　B. 一个提示　　　C. 张三　　　D. 李四　　　E. 什么都没有

二、填空题

1. 我想把表单中的数据提交到某个页面（如 test.php）中需要设置表单中的属性值为_____。

2. 表单中常用的提交方式有_____、_____、_____。

三、编程题

1. 编写程序完成博客管理系统后台参数配置，要求字段至少有博客名称、博客状态、博客开放时间、博客管理员、博客版权、博客的范围、博客的简单描述等。

2. 运用表单功能实现博客管理系统中博客标题、作者、上传 IP 地址、上传人、多个图片上传、内容等功能，要求能运用$_GET 和$_POST 两种不同方式完成数据的采集和输出功能。

项目七　PHP正则表达式

【学习目标】

（1）掌握正则表达式定义方法；

（2）灵活运用正则表达式进行表单内容验证；

（3）能定义一些简单的正则表达式。

【能解决的问题】

（1）能快速掌握PHP中正则表达式的应用；

（2）能灵活运用正则表达式对PHP中数据进行验证。

上一个项目学习了表单的操作，通过讲解和实际操作案例，使读者对表单的布局、数据的采集有了详细的了解。但是对表单中控件数据的输入有效性验证无法达到预想的效果，所以本项目将进行PHP正则表达式的学习。通过本项目学习可以对表单控件中输入的数据进行有效验证防止数据的无效采集。

模块一　什么是正则表达式

一、正则表达式概念

正则表达式（Regular Expression，regexp）是一种描述字符串结构的语法规则，是一个特定的格式化模式，用于验证各种字符串是否匹配（Match）这个特征，进而实现高级的文本查找、替换、截取内容等操作。

二、举例说明

若想要使Apache服务器解析PHP文件，需要在Apache的配置文件中添加能够匹配出以".php"结尾的配置"\.php$"，添加完成后当用户访问PHP文件时，Apache就会将该文件交给PHP去处理。

这里的"\.php$"就是一个简单的正则表达式。

三、正则表达式的发展

正则表达式的发展历程如图7-1所示。

四、正则表达式的应用范围

（1）在操作系统（Unix、Linux等）。

（2）编程语言（C、C++、Java、PHP、Python、JavaScript等）。

（3）服务器软件（Apache、Nginx）。

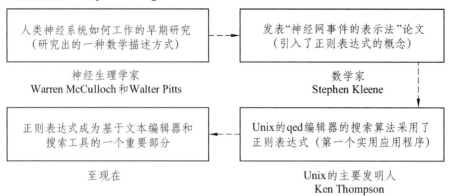

图 7-1　正则表达式的发展

五、正则表达式的表现形式

（1）一种是 POSIX 规范兼容的正则表达式，包括基本语法 BRE（Base Regular Expression）和扩展语法 ERE（Extended Regular Expression）两种规则，用于确保操作系统之间的可移植性，但最终没有成为标准只能作为一个参考。

（2）另一种是当 Perl（一种功能丰富的编程语言）发展起来后，衍生出来了 PCRE（Perl Compatible Regular Expressions，Perl 兼容正则表达式）库，使得许多开发人员可以将 PCRE 整合到自己的语言中，PHP 中也为 PCRE 库的使用提供了相应的函数。

模块二　正则表达式快速入门及运用

任务一　如何使用正则表达式

在 PHP 的开发过程中，经常会用到正则表达式对指定的字符或是控件内容进行验证，此时可使用 PHP 提供的 PCRE 相关内置函数。preg_match() 是最常用的函数之一，下面就对此函数进行详细讲解。

一、执行匹配

preg_match() 函数的第 1 个参数是正则表达式，第 2 个参数是被搜索的字符串。如下所示：

示例代码	$result = preg_match('/php/', 'phpwebphpweb'); var_dump($result);　　// 输出结果：int(1)
说　明	从上面的示例中可以看出在 "/ php /" 中的 "/" 是正则表达式的定界符。当函数匹配成功时返回值为 1，匹配失败时返回 0，如果有错误发生就返回 false。因为被搜索的字符串中有 "php" 字符串，所以查找成功，这里返回的值为 1

在这里需要强调的是，在 PHP 中 PCRE 正则表达式函数都需要在正则表达式的前后加上定界符 "/"，并且定界符是可以自己根据情况设置的，只需要保持一致性就可以了。

二、获取匹配结果

preg_match()函数的第 3 个参数用于以数组形式保存匹配到的结果,具体代码及说明如下:

示例代码	preg_match('/test/', 'testbadbtestad', $matches); print_r($matches); // 输出结果:Array ([0] => bad)
说　明	preg_match( )函数在正则匹配时,只要匹配到符合的内容,就会停止继续匹配了。因此,虽然上面案例中有两个字符串"test",但是它只会匹配到第一个后就结束

三、设置偏移量

在 preg_match()函数中的第 4 个参数设置为"PREG_OFFSET_CAPTURE",表示将第一次匹配到指定规则的内容所在位置的偏移量添加到$matches 中,待查字符串的开始位置从 0 开始进行计算,如字符串'badbtestad'的偏移量是 0,d 的偏移量就是 2。下面通过一个打印函数 Var_dump($matches)把匹配后内容打印出来 ,如下面描述所示:

示例代码	preg_match('/test/', 'badbtestad', $matches,PREG_OFFSET_CAPTURE);

Var_dump
打印结果
	Array(1){
	[0]=>array(2) {[0]=>string(4)　　"test"
	　　　　　　　　[1]=>int(4)
	}

说　明	通过打印结果可以看出,preg_match()根据正则的规则在字符串'badbtestad'中匹配到了指定的字符"test",且"t"字符的偏移量为 4

任务二　正则表达式的组成结构

在 PHP 的 PCRE 函数中,完整的正则表达式由 4 部分组成 ,分别为定界符、元字符、文本字符和模式修饰符。具体组成形式如图 7-2 所示。

图 7-2　正则表达式的组成结构

在图 7-2 中，元字符是具有特殊含义的字符，如"^"."."*"等；   文本字符就是普通的文本，如字母和数字等；模式修饰符用于指定正则表达式以何种方式进行匹配，如 i 表示忽略大小写等。参考下面具体示例代码：

示例代码	preg_match('/.*ma/', 'ITtestMA'); // 匹配结果：0
	preg_match('/.* ma /i', 'ITtestMA'); // 匹配结果：1

说　明	在上面示例中，".*"用于匹配任意字符。因此'/.*ma/'可以匹配任意含有"ma"的字符串，如"ma""ITtestma"等。当添加了模式修饰符"i"时，表示可匹配的内容忽略大小写，如所有含"MA""ma""Ma"和"mA"的字符串都可以匹配。需要注意的是在编写正则表达式时，元字符和文本字符在定界符内，模式修饰符一般标记在结尾定界符之外

正则表达式定义了许多元字符用于实现复杂匹配，而若要匹配的内容是这些字符本身时，就需要在前面加上转义字符"\"，如"\^"、"\\"等，具体示例如下：

示例代码	preg_match('/\^/', '123^456', $matches);
	print_r($matches); // 输出结果：Array ([0] => ^)
	preg_match('/*/', '123*456', $matches);
	print_r($matches); // 输出结果：Array ([0] => *)
	preg_match('/\\\\/', '123\456', $matches);
	print_r($matches); // 输出结果：Array ([0] => \ )

说　明	在上述示例中，由于 PHP 的字符串存在转义问题，因此在代码中书写的"\\"实际只保存了一个"\"。从输出结果可以看出，利用正则表达式的转义字符"\"成功匹配出了特殊字符

任务三　正则表达式所有结果匹配获取

在 PHP 中还有一个函数 preg_match_all()，它的功能与 preg_match()函数类似，区别在于 preg_match()函数在第一次匹配成功后就停止查找，而 preg_match_all()函数会一直匹配到最后才停止，它会获取到所有相匹配的结果数据。

一、执行匹配

下面利用 preg_match_all()执行正则表达式匹配，示例代码如下：

示例代码	$result = preg_match_all('/test/', 'badbtestadtest',); var_dump($ result);
输出结果	int(2)
说　明	第 1 个参数表示正则表达式，第 2 个参数是被搜索的字符串； 执行成功时返回匹配的次数，返回 0 表示没有匹配到； 发生错误返回 false

二、获取匹配结果

preg_match_all()函数还有第 3 个参数，可以保存所有匹配到的结果，具体示例如下：

示例代码	preg_match_all('/test/', 'badbtestadtest', $matches); print_r($matches); //
输出结果	Array ([0] => Array ([0] => test [1] => test))
说　明	从上面的示例和输入结果可以看出，preg_match_all()函数会把匹配的结果放入一个数组中再输出

三、匹配结果保存形式设置

这里还要对上面的案例进行修改，将 preg_match_all() 函数的第 4 个参数设置为 PREG_SET_ORDER，然后查看匹配结果。

示例代码	preg_match_all('/na/', ' banana ', $matches, PREG_SET_ORDER); print_r($matches);
输出结果	Array ([0] => Array ([0] => na) [1] => Array ([0] => na))
说　明	preg_match_all()函数还有第 4 个参数,用于设置匹配结果在第 3 个参数中保存的形式，默认值为"PREG_PATTERN_ORDER"，表示为结果数组的第 1 个元素$matches[0]中保存所有匹配到的结果；设置为"PREG_SET_ORDER"，表示结果数组的第 1 个元素保存第 1 次匹配到的所有结果，第 2 个元素保存第 2 次匹配到的所有结果，以此类推

模块三　正则表达式语法

在 PHP 开发中，表单提交的验证需要用到正则表达式，具体要用到哪些内容需要根据需求来分析，比如元字符、文本字符以及模式修饰符都有哪些，以及各自有什么用途等。本模块将对正则表达式的基本语法进行详细的讲解。

任务一　定位符与选择符

一、定位符

在开发中经常需要确定字符在字符串中的具体位置，可以用于定义字符串的头部和尾部。利用正则表达式元字符中的字符可以实现字符定位。定位符能够将正则表达式固定到行首或行尾、字首或字尾，有 4 个定位符，如：^、$、\b、\B。具体示例及说明如下：

示例代码	$object = "this's a good idea";
	// 匹配字符串开始的位置
	preg_match('/^this/', $ object, $matches);
	print_r($matches); // 输出结果：Array ([0] => this)
	// 匹配字符串结束的位置
	preg_match('/idea$/', $ object, $matches);
	print_r($matches); // 输出结果：Array ([0] => idea)

说　明	从上面的代码和结果可知，定位符 "^" 可用于匹配字符串开始的位置，定位符 "$" 用于匹配字符串结尾的位置

二、选择符

若要查找的条件为多个，只要其中一个满足即可成立时，可以用选择符"|"。该字符可以理解为"或"。具体案例及说明如下：

示例代码	preg_match_all('/34|56|78/', '123456', $matches); print_r($matches); // 输出结果：Array ([0] => Array ([0] => 34 [1] => 56))
说明	从上面的代码和结果可知，只要待匹配字符串中含有选择符"|"设置的内容，就会被匹配出来

任务二　字符范围与反斜线

一、正则表达式字符范围

正则表达式中，对于匹配某个范围内的字符，可以用中括号"[ ]"和连字符"-"来实现。且在中括号中还可以用反义字符"^"，表示匹配不在指定字符范围内的字符。下面以preg_match_all()函数匹配"aBcDe"为例，如表 7-1 所示。

表 7-1　字符范围案例

示　例	说　明	匹配结果
[abc]	匹配字符 a、b、c	a、c
[^abc]	匹配除字符 a、b、c	B、D、e
[B-Z]	匹配字母 B~Z 范围内的字符（注意大写）	B、D
[^a-z]	匹配字母 a~z 范围之外的字符	B、D
[a-z A-Z 0-9]	匹配大写字母、小写字母和 0~9 范围之内的字符	aBcDe

注：字符"-"在常规情况下，只表示一个普通字符，只有在表示字符范围时才作为元字符来使用。"-"连字符表示的范围遵循字符编码的顺序，如"a-9""a-Z""z-a""9-1"都是不合法的。

二、反斜线

在正则表达式中，"\"除了前面讲解的可作转义字符外，还具有其他功能。例如，匹配不可打印的字符、指定预定义字符集等，如表 7-2 所示。

表 7-2　字符范围案例

示　例	说　明
\d	任意一个十进制数字，相当于[0-9]
\D	任意一个非十进制数字
\w	任意一个单词字符，相当于[a-z A-Z 0-9]
\W	任意一个非单词字符
\s	任意一个空白字符（如空格、水平制表符等）
\S	任意一个非空白字符

示　例	说　明
\b	单词分界符，如"\test"匹配"this is test"的结果为 test
\B	非单词分界符，如"\ast"匹配"this is TEst"的结果为 st
\xhh	表示 hh（十六进制两位数字）对应的 ASCII 字符，如"\x61"表示"a"

从表 7-2 中可以看出，利用预定的字符集可以很容易完成某些正则匹配。如，大写字母、小写字母和数字可以使用"\w"直接表示，若要匹配 0 到 9 之间的数字，可以直接用"\d"表示，有效地使用反斜线的这些功能可以使正则表达式更加简洁，便于阅读。

任务三　字符的限定与分组

一、点字符和限定符

点字符可以用于匹配任意字符，限定符(?、+、*、{})用于匹配某个字符连续出现的次数。关于点字符和限定符的详细说明如表 7-3 所示。

表 7-3　点字符与限定符

限定符	作　用	说　明
.	匹配一个任意字符	a.a 可匹配 aba、aaa、aca 等
*	出现 0 次或连续多次	/a*b/可匹配 b,aab,aaaab…
+	出现至少 1 次	/a+b/可匹配 ab,aaab,aaaab…
?	出现 0 次或者 1 次	/a[cd]?/可匹配 a,ac,ad
{n}	连续出现 n 次	/a{3}/相当于 aaa
{n,}	连续出现至少 n 次	/a{3,}/可匹配 aaa,aaaa,…
{n,m}	连续出现至少 n 次，至多 m 次	/ba{1,3}/可匹配 ba,baa,baaa

下面通过一个案例的演示来更深入地了解正则表达式在实际中的使用方法，以最为流行的手机号验证为例来进行巩固学习。

【例 7-1】用户手机号注册时验证。

示例代码	```php
	<?php
	function tel($tel)
	{
	    return (bool) preg_match('/^1[3-8]\d{9}$/',$tel);
	}
	var_dump(tel('400-516-5000'));
	echo "<hr>";
	var_dump(tel('17694555452'));
	echo "<hr>";
	var_dump(tel('12345678912'));
	``

	echo "\<hr\>"; var_dump(tel('12345678abc')); ?\>
输出效果	localhost:889/7/7-1.php bool(false) bool(true) bool(false) bool(false)

二、贪婪与懒惰匹配

当点字符和限定符连用时，可以实现匹配指定数量范围的任意字符。

例如，"^pre.*end$"可以匹配从 pre 开始到 end 结束、中间包含零个或多个任意字符的字符串。正则表达式在实现指定数量范围的任意字符匹配时，支持贪婪匹配和惰性匹配两种不同方式。

贪婪匹配就是匹配尽可能多的字符，惰性匹配表示匹配尽可能少的字符，默认情况下是贪婪匹配。若想要实现惰性匹配，需在上一个限定符的后面加上"?"符号。具体代码及区别如表 7-4 所示。

表 7-4　贪婪匹配与惰性匹配区别

匹配 方式	关键代码	输出结果
贪婪 匹配	preg_match('/a.*d/','aadada ddad',$matches); print_r($matches); echo "\<hr\>";	localhost:889/7/7-2.php Array（[0] => aadadaddad）
惰性 匹配	preg_match('/a.*?d/','aadad addad',$matches); print_r($matches);	Array（[0] => aad）

从上述案例可以看出，贪婪匹配时，会获取最先出现的 a 到最后出现的 d，即可获得匹配的结果为"aadadaddad"；懒惰匹配时，会获取最先出现的 a 到最先出现的 d，即可获取匹配结果为"aad"。

三、括号字符

在正则表达式中，括号字符"()"有两个作用：一是改变限定符的作用范围；二是分组。下面对两个作用进行分别讲解。

（一）改变限定符的作用范围

表 7-5　改变限定符作用范围

改变作用范围前	改变作用范围后	说　明
正则表达式：myphp|my 可匹配结果：myphp、my	正则表达式：my（php|my） 可匹配结果：myphp、mymy	从前面的两个比较可以看出，小括号实现了匹配 myphp、mymy，而不使用小括号，则变成了 myphp、my

（二）分组

表 7-6　分组

分组前	分组后	说　明
正则表达式：blue{2} 可匹配结果：bluee	正则表达式：bl（ue）{2} 可匹配结果：blueue	从前面的两个比较可以看出，未分组时，表示匹配 2 个 e 字符；而分组后，表示匹配 2 个"ue"字符串

　　下面用一个案例来让大家对正则表达式的实际应用方法有更进一步的了解。就以最常用的"年/月/日"日期格式匹配为例进行讲解，年份从 1900 年到 2999，月份从 1 到 12 月，天数从 1 到 31。案例代码如下所示：

示例代码	```php
	<?php
	function DateYz($date)
	{
	//1900 年到 2999
	$pattern='/^[1-2][0-9]\d{2}-(0[1-9]\|1[0-2])-(0[1-9]\|[1-2]\d\|3[01])$/';
	return (bool) preg_match($pattern,$date);}
	var_dump(DateYz('84-01-27'));
	echo "<hr>";
	var_dump(DateYz('1984-02-26'));
	echo "<hr>";
	var_dump(DateYz('1984-2-26'));
	echo "<hr>";
	``

输出效果	localhost:889/7/7-3.php bool(false) bool(true) bool(false)

　　在使用（　）进行子模式匹配时，小括号中的子表达式匹配到的结果会被捕获下来，以

preg_match（）函数为例，实现捕获日期字符串中的年、月、日代码如下：

示例代码	`$pattern='/^([1-2][0-9]\d{2})-(0[1-9]|1[0-2])-(0[1-9]|[1-2]\d|3[01])$/';`
	` preg_match($pattern,'2018-12-10',$matches);`
	`print_r($matches);`

输出效果	localhost:889/7/7-3.php Array ([0] => 2018-12-10 [1] => 2018 [2] => 12 [3] => 10)

任务四　模式修饰符

在 PHP 中，除正则表达式的定界符外，还可以使用模式修饰符，用于进一步对正则表达式进行设置。常用的模式修饰符如表 7-7 所示。

表 7-7　模式修饰符

模式符	说　　　明	示　　例	可匹配结果
i	模式匹配的字符将同时匹配大小写字母	/con/i	Con、con、cOn 等
D	模式中$元字符仅匹配目标字符串的结尾	/it$/D	忽略最后的换行
m	目标字符串视为多行	/P.*/m	PHP\nPC
A	强制从目标字符串的开头匹配	/book/A	相当于/^book/
x	将模式中的空白忽略	/b o o k/x	book
U	匹配最近的字符串	/<.+>/U	匹配最近一个字符串
s	将字符串视为单行，换行符作为普通字符	/Ti.sy/s	Ti\nsy

从表 7-7 中可以看出，若要忽略匹配字符的大小写，除了使用选择符"|"和中括号"[]"外，还可以在定界符外添加 i 模式符；若要忽略目标字符串中的换行符，可以使用模式修饰符$等。除此之外，模式修饰符还可以根据实际需求将多个组合在一起使用。例如，既要忽视大小写又要忽略换行，则可以直接使用 is。在编写多个模式修饰符时没有顺序要求。因此，模式修饰符的合理使用，可以使正则表达式变得更加简洁、直观。

注意：通过上面的学习可知，正则表达式中的运算符有很多，在实际运行时，各种运算符会遵循优先级顺序，PHP 中常用 正则表达式运算符优先级由高到低的顺序如表 7-8 所示。

表 7-8　正则运算符优先级顺序

运算符	说　　明
\	转义符
()、(？：)、(？＝)、[]	括号和中括号
*、+、？、{n}、{n,}、{n,m}	限定符
^、$、\任何元字符、任何字符	定位点和序列
|	替换

要想在能够熟练使用正则表达式完成指定匹配，在掌握正则运算符含义与使用的情况下，还要了解各个正则运算符的优先级，才能保证编写的正则表达式正确与高效。

模块四　PORE 兼容正则表达式函数

在 PHP 中提供了两套支持正则表达式的函数库，分别是 PCRE 兼容正则表达式函数库和 POSIX 函数库。由于 PCRE 函数库在执行效率上优于 POSIX 函数库，而且 POSIX 函数库中的部分函数已经过时，因此，本模块只针对 PCRE 函数库中常见的函数进行讲解。除了前面的 perg_match()函数和 preg_match_all()函数，还有一些在较为常用的函数。

任务一　preg_grep()函数

对于数组中的元素进行正则表达式匹配，经常使用的是 preg_grep()函数，具体使用示例如下所示：

示例代码	`<?php` 1.　`$a = ['zhang shu bo', 'PHP', 'dog', 'C'];` 2.　`$matches = preg_grep('/^[a-zA-Z]*$/', $a);` 3.　`print_r($matches);`
输出效果	 `Array ( [1] => PHP [2] => dog [3] => C )`
说明	在上面示例中，第 1 个参数表示正则表达式模式，第 2 个参数表示待匹配的数组。默认情况下，返回值是符合正则规则的数组，同时保留原数组中的键值关系。第 3 个参数设置为 PREG_GREP_INVERT，可获取不符合正则规则的数组

任务二　preg_replace()函数

在程序开发中，如果想通过正则表达式完成字符串的搜索和替换则可以用 preg_replace()函数实现。同时与字符串处理函数 str_replace()相比，preg_replace()函数的功能更加强大，也能实现更多的功能，下面通过具体的案例进行详细的分析讲解。

一、替换指定内容

从执行过程来看，preg_replace()函数搜索第 3 个参数中符合第 1 个参数正则规则的内容，然后使用第 2 个参数进行替换。其中，第 3 个参数的数据类型决定着返回值的类型。如第 3 个参数类型为整数，则返回值是整数型；第 3 个参数是数组，则返回类型是数组，具体效果如下所示：

示例
代码
	`<?php`
	`// ① 替换字符串中匹配的内容`
	
	1.　　`<?php`
	2.　　`// ① 替换字符串中匹配的内容`
	3.　　`$str = "My Name is 'Zsb'";`
	4.　　`$pattern = "/\'(.*)\'/";`　　　　　`// 匹配规则`
	5.　　`$replace = "'***'";`　　　　　`// 替换的内容`
	6.　　`// 输出结果：My Name is '***'`
	7.　　`echo preg_replace($pattern, $replace, $str);`
	8.　　`echo "<hr>";`
	9.　　`// ② 替换数组中匹配的内容`
	10.　`$arr = ['Php', 'pask', 'java'];`
	11.　`$pattern = '/p/i';`　　　　　`// 匹配规则`
	12.　`$replace = 'p';`　　　　　　`// 替换的内容`
	13.　`// 输出结果：Array ( [0] => php [1] => pask [2] => java )`
	14.　`print_r(preg_replace($pattern, $replace, $arr));`
	15.　`echo "<hr>";`
	16.　`// ③ 匹配与替换的内容均为数组`
	17.　`$str = 'This is　brown to jumps over the lazy dog.';`
	18.　`$pattern = ['/is/', '/brown/', '/to/'];`　　`// 匹配规则数组`
	19.　`$replace = ['sel', 'blue', 'bar'];`　　　　`// 替换内容数组`
	20.　`echo preg_replace($pattern, $replace, $str);`

输出 效果	 My Name is '***' Array ([0] => php [1] => pask [2] => java)
说明	从上面的效果可以看出，替换函数可以替换想要替换的内容

另外，正则的匹配规则和替换的内容都可以是数组类型，示例如下所示：

示例 代码	`<?php` 1.　`$str = 'This is brown to jumps over the lazy cat.';` 2.　`$pattern = ['/is/', '/brown/', '/to/'];`　　`// 匹配规则数组` 3.　`$replace = ['sel', 'blue', 'bar'];`　　　　`// 替换内容数组` 4.　`echo preg_replace($pattern, $replace, $str);`
输出 效果	Thsel sel blue bar jumps over the lazy cat.
说明	需要注意的是，正则匹配规则和替换内容是数组时，其替换的顺序仅与数组定义时编写的顺序有关，与数组的键名是无关的

二、限定替换次数

在使用 preg_replace()函数时，默认允许的替换次数是所有符合规则的内容，其值是-1，表示为无限次。另外，应根据实际情况设置允许替换的次数。具体案例及效果如下所示：

示例代码	`<?php`
	`// 限定替换次数`
	1. `$str = '这是最美丽的中国，作为中国人很幸福';`
	2. `$pattern = '/中/';`
	3. `$replace = '祖';`
	4. `// 这是最美丽的祖国，作为中国人很幸福`
	5. `echo preg_replace($pattern, $replace, $str, 1);`

输出效果	这是最美丽的祖国，作为中国人很幸福
说明	从上述的示例可以看出，$str 中有两处符合正则$pattern 的匹配，但是 preg_replace()函数的第 4 个参数将替换的次数指定为 1 次。因此，最后的输出结果中就只替换了一次"中"字

三、获取替换的次数

当需要替换的内容很多时，若需要了解 preg_replace()函数具体完成了几次指定规则的替换，可通过第 5 个可选参数保存完成替换的总次数。

示例代码	`<?php` 1. `preg_replace($pattern, $replace, $str, -1, $count);` 2. `echo $count;`
输出效果	2
说明	在上述示例中，需要注意的是，该函数的第 5 个参数是一个引用传参的变量。主要用于保存完成替换的总次数

任务三　preg_split()函数

对于字符串的分割操作，在前面的项目已经讲过 explode()函数，它可以利用指定的字符分割字符串，但是若在字符串分割时指定的分隔符有多个，explode()函数显然不能够满足需求。因此 PHP 专门提供了 preg_split()函数，通过正则表达式分割字符串，用于完成复杂字符串的分割操作。下面通过一个案例来完成分隔符的几种不同分割方式的讲解。

一、按照规则分割

通过下面的示例演示了如何按照字符串中的"@"和"."两种分隔符进行分割：

示例代码	`<?php`
	`// (1) 按照规则分割`
	1.　`$arr = preg_split('/[@,\.]/', 'php@126.com');`
	2.　`print_r($arr);`　　`// 输出结果：Array( [0] => php [1] => 126 [2] => com )`
	3.　`echo "<hr>";`

输出效果	localhost:889/7/7.4/7.4.3.php Array ([0] => php [1] => 126 [2] => com)
说明	在上述示例中，preg_split()函数的第 1 个参数为正则表达式分隔符，第 2 个参数表示待分割的字符串

二、指定分割次数

在上面讲解的基础上，使用正则匹配方式分割字符串时，可以指定字符串分割的次数，如下面的代码所示：

示例代码	`<?php`
	`// (2) 指定分割次数`
	1.　`$arr = preg_split('/h/', 'phphphphph', 2);`
	2.　`print_r($arr);`　　`// Array ( [0] => p [1] => phphphph )`
	3.　`echo "<hr>";`

输出效果	Array ([0] => p [1] => phphphph)
说明	从上述示例可以看出，当指定字符串的分割次数后，若指定的次数小于实际字符串中符合规则分割的次数，则最后一个元素中包含剩余的所有内容。最重要的一点是 preg_split()函数的第 3 个参数值为-1、0 或 null 中的任何一种，都表示不对分割的次数进行限制

三、指定返回值形式

第 4 个参数指定字符串分割后的数组中是否包含空格、是否添加该字符串的位置偏移量等内容。

示例代码	`<?php`
	`// 指定返回值形式`
	`$str = 'php, java sql,javascript';`
	`// 按照空白字符和逗号分割字符串`
	`$arr = preg_split('/[\s,]/', $str, -1, PREG_SPLIT_NO_EMPTY);`
	`print_r($arr);`　　`// 输出结果：Array ( [0] => php [1] => java [2] => sql`

输出效果	Array ([0] => php [1] => java [2] => sql [3] => javascript)

说明	从上述示例可以看出，preg_split()函数的第 4 个参数值设置为 PREG_SPLIT_NO_EMPTY 时返回分割的部分。除此之外，还可以将其设置为 PREG_SPLIT_DELIM_CAPTURE，用于返回子表达式的内容。设置为 PREG_SPLIT_OFFSET_CAPTURE 时，可以返回分割后内容在原字符串中的位置偏移量。可以根据实际情况具体选择

模块五　综合案例

案例要求：运用 PHP 中的正则表达式完成用户注册页面输入内容的验证。

功能描述：在 Web 应用中，用户通过浏览器完成注册和登录是必不可少的进行用户数据收集和验证的手段之一，现在就以经常用到的用户注册页面并运用 PHP 正则表达式完成验证的功能为案例进行学习讲解，主要包括用户名，密码，手机号，qq 号，邮箱，身份证号等的验证。

案例实现：

用户名验证：具体代码参考案例程序。

项目练习题

一、选择题

1. 正则表达式"[e][i]"匹配字符串"Beijing"的结果是（　　）。

    A.ie   B.ei   C.Beijing   D.Bei

2. 下列正则表达式的字符选项中，与"*"功能相同的是（　　）。

    A.{0}   B.?   C.+   D. .

二、填空题

1. 在正则表达式中，_____既可以用于分组，还可以用于_____。

2.[^abc]表示匹配的结果是_____。

3./con/i表示匹配的结果是_____。

三、编程题

1. 编写程序完成博客管理系统后台参数配置，要求字段至少有博客名称、博客状态、博客开放时间、博客管理员、博客版权、博客的范围、博客的简单描述等字段。

2. 运用表单功能实现博客管理系统中博客标题、作者、上传 IP 地址、上传人、多个图片上传、内容等功能，要求能运用$_GET 和$_POST 两种不同方式完成数据的采集和输出功能。

3. 在上面两个表单输入内容中运用正则表达式完成数据的验证功能。

项目八　PHP 文件上传

【学习目标】

（1）掌握文件常见操作方法；

（2）掌握文件上传中注意事项；

（3）能完成文件的快速上传。

【能解决的问题】

（1）能完成文件上传操作；

（2）能对文件上传中遇到问题进行解决。

模块一　PHP 文件上传方法

前面的项目学习了 PHP 中采集用户数据的方式，对常用的表单和 URL 进行了学习。细心的同学可能已经发现在实际的应用中还缺少了一个非常重要的环节，那就是文件的上传。无论是手机 APP 还是网页，文件上传的应用都十分常见。那么用 PHP 如何实现文件的上传呢？本项目就来学习和解决这个问题。

与 ASP.NET 和 JSP 比较，PHP 的文件上传是较简单的，简单到甚至只需要一行 PHP 程序就可以实现。本项目将从文件上传时表单的设置和具体操作案例来实现文件上传方法介绍。

任务一　文件上传功能表单属性设置

在学习网页设计的时候，表单元素中有一个 file（称为"文件域"），通过这个元素，可以实现弹出打开文件对话框并选择文件的功能。当然，要实现文件上传对 <form> 标签也是有一些特殊要求的。

要实现文件上传 <form> 标签中必须添加 enctype 属性且赋值为 multipart/form-data，另外 method 属性必须设置为 "post"，最终的代码如下：

```
<form
action="PHP 程序文件的路径"
method="post"
enctype="multipart/form-data">
```

添加 file 表单元素，指定 name 属性的值（PHP 程序通过 name 属性的值获取数据，跟其他表单元素的设置是完全相同的）。代码如下：

```
<input type="file" name="upfile" id="upfile" />
```

任务二　文件上传的操作

接下来，学习 PHP 如何接收文件数据并实现上传功能。

PHP 中给出了一个全局的$_FILES[]二维数组，通过此数组就可以获取到上传文件的相关数据了。$_FILES 数组的元素是这样的：

（1）$_FILES["file 元素 name 属性的值"]["name"]：源文件名。通过文件名并截取扩展名，就可以实现上传文件类型的限制了，比如只允许上传 jpg、png。

（2）$_FILES["file 元素 name 属性的值"]["type"]：文件的 MIME 类型。该类型决定了文件的类型，需要注意，并非上传文件的扩展名。

（3）$_FILES["file 元素 name 属性的值"]["tmp_name"]：上传到服务器临时保存的路径与文件名。程序运行结束，文件将被自动删除。要实现上传还需要将此文件移动到指定的文件夹中永久保存，后面再介绍。

（4）$_FILES["file 元素 name 属性的值"]["error"]：错误编码。文件是否成功上传，以及出现了怎样的错误，都可以通过这个编码来判断。如：0 表示成功上传；1 表示上传的文件超过了 php.ini 中 upload_max_filesize 选项限制的值；2 表示上传文件的大小超过了 HTML 表单中 MAX_FILE_SIZE 选项指定的值；3 表示文件只有部分被上传；4 表示没有文件被上传；6 表示找不到临时文件夹；7 表示文件写入失败。

（5）$_FILES["file 元素 name 属性的值"]["size"]：上传的大小(单位是字节)。可以通过获取并判断这个值来实现文件上传大小的限制。

上面讲过，如果不把临时目录中的文件移动到指定的目录中永久保存，程序运行结束就自动删除了，那么怎么移动呢？其实很简单，通过 move_uploaded_file 函数就可以实现了。函数定义为：

bool move_uploaded_file (string $filename , string $destination)

其中，第一个参数 $filename 就是保存临时目录中的临时文件，通过$_FILES['file']['tmp_name']获取；第二个参数$destination 是指定目标路径与文件名，即移动到哪个目录，以及文件叫什么名字(可以重新对文件进行命名)。

接下来再来看一个简单的实例，建议大家按照这个实例上机实际操作并运行一下，具体步骤如下：

（1）创建两个文件，一个是表单 upload.html 文件，另一个是处理文件上传的 upload.php 文件。

upload.html 文件代码如下：

代码	`<form action="upload.php" method="POST"enctype ="multipart/form-data">` `<input type="hidden" name="MAX_FILE_SIZE" value="204800" />` 选择图片: `<input type="file" name="upfile" id="upfile" accept="image/png,` `image/jpeg"> ` `<button type="submit">上传</button>` `</form>`
代码说明	可以实现文件上传

（2）通过上面的页面运行后，点击选择文件后，点提交就可以进入如下 PHP 页面，完成文件的上传，成功就输入"文件有效，成功上传!"，否则就显示"文件上传失败!"。

```php
<?php
$uploaddir = '/uploads/';
$uploadfile = $uploaddir . basename($_FILES['upfile']['name']);
if (move_uploaded_file($_FILES['upfile']['tmp_name'], $uploadfile)) {
    echo "文件有效，成功上传!";
} else {
    echo "文件上传失败!";
}
```

模块二　PHP 文件上传遇到问题的解决

任务一　解决上传乱码的问题

通常来讲出现乱码，大多数情况下，都是因为编码不一致所造成的，文件名乱码也是如此。由于中文的 Windows 操作系统使用的编码是 GBK，而网页使用的编码是 UTF-8，这就是导致乱码的原因。所以我们需要将 UTF-8 转换为 GBK，这样就可以解决了。PHP 提供了 iconv() 函数实现编码转换，iconv() 函数的语法如下：

string iconv (string $in_charset, string $out_charset, string $str)

参数$in_charset 表示原字符集；$out_charset 表示目标字符集，即将$in_charset 字符集转换为$out_charset 字符集；参数$str 就是要转换的字符串。

那么，将上一任务的 upload.php 文件，修改如下：

```php
// $uploadfile = $uploaddir . basename($_FILES['upfile']['name']);
$uploadfile = iconv('utf-8', 'gbk', $uploaddir . basename($_FILES['upfile']['name']));
```

任务二　解决上传大小限制的方法

上面已经解决了文件乱码的问题，但是现在还有一个问题，如果出现了超限的错误呢，那么如何解决呢?

具体解决办法请参阅 php.ini 的 file_uploads，upload_max_filesize，upload_tmp_dirpost_max_size 以及 max_input_time 设置选项，此处不再赘述。

模块三　PHP 多文件上传实现

关于多文件上传的应用同样比较常见，比如上传身份证的正面和背面等。其实我们用模块一所学习的方法也可以实现多文件的上传，只是相对比较麻烦。PHP 提供了更为简单的方式来处理多文件的上传。

简单地说，PHP 用数组的方式实现多文件上传的处理。下面通过实例代码来进行介绍。

在原来单文件上传的基础上进行完善，修改表单页面 upload.html，代码如下：

```
<form action="upload.php" method="POST"
enctype="multipart/form-data">
    <input type="hidden" name="MAX_FILE_SIZE" value="204800" />
    选择图片 1：<input type="file" name="upfile[]" id="upfile"
accept="image/png, image/jpeg"> <br />
    选择图片 2：<input type="file" name="upfile[]" id="upfile"
accept="image/png, image/jpeg"> <br />
    <button type="submit">上传</button>
</form>
```

应注意，程序中 file 表单元素中 name 的值为"upfile[]"，比原来多了"[]"。

再来看看 upload.php 的代码：

```
<?php
$uploaddir = '/uploads/';
    $uploadfile = iconv('utf-8','gbk',$uploaddir.
basename($_FILES['upfile']['name'][0]));
    if (move_uploaded_file($_FILES['upfile']['tmp_name'][0], $uploadfile)) {
        echo "文件有效，成功上传!";
    } else {
        echo "文件上传失败!";
    }
    $uploadfile = iconv('utf-8','gbk',$uploaddir.
basename($_FILES['upfile']['name'][1]));
    if (move_uploaded_file($_FILES['upfile']['tmp_name'][1], $uploadfile)) {
        echo "文件有效，成功上传!";
    } else {
        echo "文件上传失败!";
    }
```

这里并没有使用遍历数组的方式，其目的是想让读者更清晰地了解$_FILES 数组的构成。当了解$_FILES 数组的构成之后，再用遍历的方式去实现，应该就不难了。请读者自行尝试用遍历数组的方式实现多文件上传。

模块四　文件上传综合案例实训

【实训目的】

1. 掌握 PHP 文件上传的方法，以图片上传为例；

2. 掌握多个商品图片的上传。

【实训内容】

实训题目：完成某个网站产品图片多个上传。

项目练习题

一、选择题

1. PHP 中用于判断文件是否存在的函数是（　　　）。

    A. fileinfo()　　　　　B. file_exists()　　　　C. fileperms()　　　　D. filesize()

2. fileatime()函数能够获取文件的（　　）属性。

    A. 创建时间　　　　B. 修改时间　　　　　C. 上次访问时间　　　D. 文件大小

二、填空题

（1）使用 fopen()函数打开文件后，返回值是_____数据类型。

（2）le_put_contents()函数要实现追加写入，第 3 个参数应设为_____。

（3）若要禁止 fopen()函数打开远程文件，可以用 php.ini 中的_____配置项来禁止。

三、编程题

1. 利用 PHP 远程下载指定 URL 文件。

2. 完成个人简历里面的照片的上传。

项目九　UEditor 富文本编辑器

【学习目标】

（1）掌握 UEditor 富文本编辑器的基本使用方法；

（2）掌握 UEditor 功能定制方法。

【能解决的问题】

（1）能运用 UEditor 富文本编辑器的完成文章的录入；

（2）能对 UEditor 功能进行定制。

一般在开发新闻类、电商类、博客类的网站项目时，经常会涉及发布内容的排版（美化），对于没有 HTML、CSS 基础的用户来说，这是一件十分困难的事情。如果不提供零基础的解决方案，那么开发出的网站在可用性上将大打折扣。所以必须要解决在线排版的问题。

百度公司提供了一个免费且开源的在线富文本编辑器，可以非常好地解决上述需求。本项目中我们将学习和使用 UEditor 富文本编辑器。

模块一　富文本编辑 UEditor 基本使用

UEditor 是由百度 Web 前端研发部开发的一款所见即所得富文本 Web 编辑器，具有轻量、可定制、注重用户体验等特点，开源基于 MIT 协议，允许自由使用和修改代码。具有以下优点：

（1）功能全面：涵盖流行富文本编辑器特色功能，独创多种全新编辑操作模式。

（2）用户体验：屏蔽各种浏览器之间的差异，提供良好的富文本编辑体验。

（3）开源免费：开源基于 MIT 协议，支持商业和非商业用户的免费使用和任意修改。

（4）定制下载：细粒度拆分核心代码，提供可视化功能选择和自定义下载。

（5）专业稳定：百度专业 QA 团队持续跟进，上千自动化测试用例支持。

任务一　实现页面中引入富文本编辑器

打开官方网站（https://ueditor.baidu.com/website/download.html），点击"UE 演示"导航页面就可以看到 UEditor 完全版的外观了，如图 9-1 所示。

进入"下载"导航页面，可以看到 UEditor 还提供了 JSP、ASP 和 PHP 主流服务器端开发语言的支持，学习了 PHP 版的使用后，以后如果转型到 JSP 也会很容易上手使用，如图 9-2 所示。

图 9-1　UEditor 界面

图 9-2　UEditor "下载" 导航页面

需要注意的是，目前的网页基本采用的是 UTF-8 编码字符集，所以下载的时候一定不要选择错了。成功下载后是一个名为 "UEditor1_4_3_3-utf8-php.zip" 的压缩包。解压到当前目录之后，把 "utf8-php" 文件夹拷贝到网站目录中。此目录的 "index.html" 就是一个完整版的示例。可以通过此示例源码帮助我们完成项目的编码。

UEditor 基本使用方法如下：

（1）在 HTML 文件的<head>标签导入 UEditor 配置文件和核心文件：

```
<head>
    <meta charset="utf-8">
    <meta http-equiv="X-UA-Compatible" content="IE=edge">
    <meta name="viewport" content="width=device-width, initial-scale=1">
    <title>发布博文</title>
    <link href="bs/css/bootstrap.min.css" rel="stylesheet">
    <!--[if lt IE 9]>
        <script src="https://cdn.bootcss.com/html5shiv/3.7.3/html5shiv.min.js"></script>
```

```
<script src="https://cdn.bootcss.com/respond.js/1.4.2/respond.min.js"></script>
    <![endif]-->
<!-- 1. 引用 UEditor 两个 JS 资源文件 -->
<script src="ue/ueditor.config.js"></script>
<script src="ue/ueditor.all.min.js"></script>
</head>
```

（2）在页面中添加 UEditor 容器：

```
<div class="form-group">
        <label for="inputPassword3" class="col-sm-2 control-label">博文内容：</label>
        <div class="col-sm-10">
            <!-- 2. 添加用于渲染的 UEditor 容器元素 -->
            <script id="myeditor" style="width: 100%;"></script>
        </div>
    </div>
```

（3）初始化 UEditor 编辑器：

```
<script src="ue/mybutton.js"></script>
    <!-- 3. 初始化 UEditor -->
    <script>
        $(document).ready(function () {
            let ue = UE.getEditor('myeditor', {
                elementPathEnabled : false,
                maximumWords:20000,
                /* toolbars:[[
                'bold', 'italic', 'underline', 'fontborder'
                ], [
                'fontfamily', 'fontsize'
                ]] */
            });   </script>
```

正常情况下浏览器打开页面应该就可以看到 UEditor 编辑器了，如果没有编辑器，请检查相关文件的路径是否输入错误，文件是否缺失等。

值得注意的是，UEditor 容器的\<script id="editor" name="editor" type="text/plain" style="width:100%;height:500px;"\>\</script\>一定要添加"name"属性并赋值，否则在 PHP 程序中无法获取编辑器中编辑的内容。在 PHP 程序中，把编辑的内容保存到数据库中跟获取一个表单元素的值是完全相同的。

```
<?php
// 获取客户端发送过来的数据。
    $title = $_POST['title'];
    $content = $_POST['content'];
```

接下来，我们看一个完整的基本示例，包含前端和后台程序。下面是前台页面 article.html 代码：

```html
<!DOCTYPE html>
<html lang="zh-CN">
<head>
    <meta charset="utf-8">
    <meta http-equiv="X-UA-Compatible" content="IE=edge">
    <meta name="viewport" content="width=device-width, initial-scale=1">
    <title>发布博文</title>
    <link href="bs/css/bootstrap.min.css" rel="stylesheet">
    <!--[if lt IE 9]>
        <script src="https://cdn.bootcss.com/html5shiv/3.7.3/html5shiv.min.js"></script>
        <script src="https://cdn.bootcss.com/respond.js/1.4.2/respond.min.js"></script>
    <![endif]-->
    <!-- 1. 引用 UEditor 两个 JS 资源文件 -->
    <script src="ue/ueditor.config.js"></script>
    <script src="ue/ueditor.all.min.js"></script>
</head>
<body>
    <div class="container">
        <h2 class="page-header">发布博文</h2>
        <form class="form-horizontal">
            <div class="form-group">
                <label for="txttitle" class="col-sm-2 control-label">标题：</label>
                <div class="col-sm-10">
                    <input type="text" class="form-control" id="txttitle" placeholder="请输入标题" required pattern="^.{6,}$">
                </div>
            </div>
            <div class="form-group">
                <label class="col-sm-2 control-label">封面图像：</label>
                <div class="col-sm-10">
                    <div class="coverimage" style="width: 150px; height: 70px; background-size: cover; background-repeat: no-repeat; background-position: center;"></div>
                </div>
            </div>
            <div class="form-group">
                <label for="txtabout" class="col-sm-2 control-label">简介：</label>
                <div class="col-sm-10">
                    <textarea name="txtabout" id="txtabout" rows="3" style="width: 100%;" class="form-control"></textarea>
                </div>
```

```
    </div>
    <div class="form-group">
      <label for="inputPassword3" class="col-sm-2 control-label">博文内容：</label>
      <div class="col-sm-10">
        <!-- 2. 添加用于渲染的 UEditor 容器元素 -->
        <script id="myeditor" style="width: 100%;"></script>
      </div>
    </div>
    <div class="form-group">
      <div class="col-sm-offset-2 col-sm-10">
        <button type="submit" class="btn btn-info btn-save">提交</button>
      </div>
    </div>
  </form>
</div>
<script src="bs/js/jquery.min.js"></script>
<script src="bs/js/bootstrap.min.js"></script>
<script src="ue/mybutton.js"></script>
<!-- 3. 初始化 UEditor -->
<script>
  $(document).ready(function () {
    let ue = UE.getEditor('myeditor', {
      elementPathEnabled : false,
      maximumWords:20000,
      /* toolbars:[[
      'bold', 'italic', 'underline', 'fontborder'
      ], [
      'fontfamily', 'fontsize'
      ]] */
    });
    // 绑定 form 的 submit 事件
    $('form').submit(function(e) {
      // 阻止表单提交的默认行为
      e.preventDefault();
      // 获取各表单元素的值
      let data = {
        op: 'newsave',
        title: $('#txttitle').val(),
        content: ue.getContent()     // 获取 UEditor 编辑的内容(含 HTML)
      };
```

```
        // 发送到后台，保存数据
        $.post("api/article.php", data,
            function (data, textStatus, jqXHR) {
                // data: 默认的类型 string
                // let json = JSON.parse(data);        // 将 json 字符串转换为 JS 对象
                alert(json.msg);
            }, 'json'
        );
    });
});
    </script>
</body>
</html>
```

后台程序保存页面 save.php 程序如下：

```php
<?php
// 获取客户端发送过来的数据。
    $title = $_POST['title'];
    $content = $_POST['content'];
$option = $_REQUEST['op'];
$mysqli = new mysqli('localhost', 'root', 'root', 'studentsdb');
switch($option) {
    case "newsave":        // 新增的保存
        // 获取客户端发送过来的数据。
        $title = $_POST['title'];
        $content = $_POST['content'];
        $sql = "INSERT INTO t_article (title, content) VALUES ('{$title}', '{$content}');";
        $res = $mysqli->query($sql);
        $rows = $mysqli->affected_rows;        // SQL 语句执行完毕后，数据受影响的行数。
        if($rows == 1) {
            $arr = ['msg' => '发布成功!'];
        } else {
            $arr = ['msg' => '异常'];
        }
        echo json_encode($arr);
        break;
    case "chgsave":
        break;
    }
    $mysqli->close();
```

提交表单后，save.php 程序获取"标题"与"内容"并将数据保存到数据库中。

因为 UEditor 示例代码中没有添加 name 属性（这也是最容易忘记和遗漏的地方），所以一定要记住在 UEditor 容器的\<script\>\</script\>标签中添加 name 属性以便 PHP 程序获取编辑的内容并做后期的处理与存储。

模块二　UEditor 功能定制方法

前面模块学习了 UEditor 富文本编辑器的基本使用。如果要通过 UEditor 实现一个支持图文的评论功能，加载一个完整版的 UEditor，显得太臃肿了，这时就可以通过 UEditor 的功能定制，把不需要的工具按钮屏蔽掉，只显示指定的工具，达到精简的目的。

UEditor 提供了两种方式进行功能定制，一是修改配置文件，二是初始化编辑器时设置。

前面提到 UEditor 的配置文件是 ueditor.config.js，打开该文件，就可以对里面所有的可配置项进行重定义。比如需要重新配置工具栏，打开文件后，搜索 "toolbars" 关键字，就可以看到工具栏中的所有工具配置了，如图 9-3 所示。

图 9-3　UEditor 的配置文件

该工具栏是一个 JS 二维数组，里面的数组决定数组中的工具显示的行数，当一行容纳不下时，会自动换到下一行显示。比如，现在我们要重新设置工具栏，工具栏的第一行显示字体、字号、文本颜色、粗体、斜体、下划线；第二行显示段落对齐方式，左对齐、居中对齐、右对齐与两端对齐。那么 toolbars 就可以这样来设置，如图 9-4 所示。

图 9-4　toolbars 设置

保存配置文件，刷新页面，编辑器中的工具只剩下定义的这几个了，如图 9-5 所示。

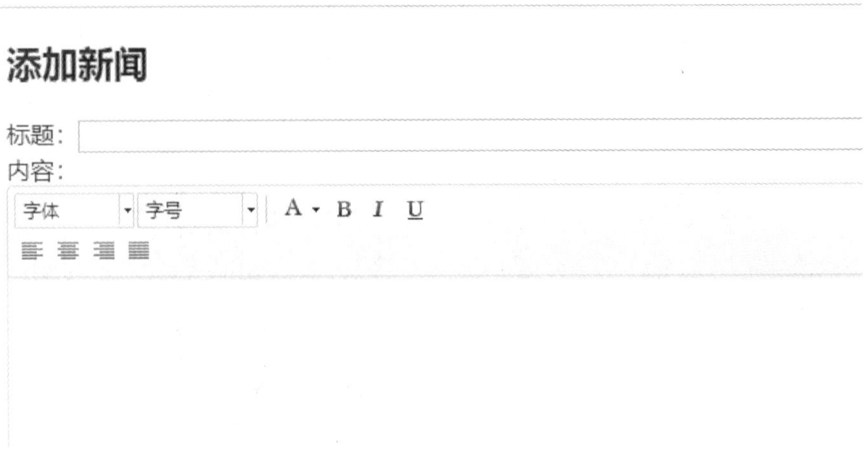

添加新闻

标题：

内容：

图 9-5　文章添加界面

除了工具栏的配置外，还有很多配置项，可以通过配置文件中的注释或文档进行配置。

这种方式虽然简单，但是有一定的问题。因为修改了配置文件之后，默认所有的编辑器都按配置文件中的定义来加载。要是在一个项目的同一个页面或不同页面，需要有不同的配置，上面的解决方式就行不通了。

所以在初始化编辑器时设置的方式就显得非常重要了。一般情况下，我们都不直接修改配置文件，而是根据页面的需求在初始化编辑器里进行配置。

还是针对上面的实例，初始化编辑器设置如图 9-6 所示。

```html
<script>
window.onload = function () {
  var ueditor = UE.getEditor('editor', {
    toolbars: [
      ['fontfamily', 'fontsize', 'forecolor', '|', 'bold', 'italic', 'underline'],
      ['justifyleft', 'justifycenter', 'justifyright', 'justifyjustify']
    ],
    elementPathEnabled: false      // 编辑器不显示元素路径
  });
};
</script>
```

图 9-6　初始化编辑器设置

保存文件，刷新页面，可以看到，工具栏的配置也同样改变了，编辑器底部的元素路径也没有了。

无论是修改配置文件，还是初始化编辑器时进行设置，请读者阅读官方文档，通过这些配置可以实现项目开发中的很多需求。

除了编辑器的配置外，通常我们还会涉及文件上传的限制，比如允许上传的图片格式与大小、上传文件保存的位置等。这又该如何配置呢？我们知道，上传相关设置一定与 PHP 程序有关，所以打开"utf8-php"文件夹中的"php"文件夹，在这个文件夹中有一个名为"config.json"文件，该文件就是上传相关的配置文件。下面以图片上传为例进行介绍，打开config.json 文件，配置界面如图 9-7 所示。

```
{
    /* 上传图片配置项 */
    "imageActionName": "uploadimage", /* 执行上传图片的action名称 */
    "imageFieldName": "upfile", /* 提交的图片表单名称 */
    "imageMaxSize": 2048000, /* 上传大小限制，单位B */
    "imageAllowFiles": [".png", ".jpg", ".jpeg", ".gif", ".bmp"], /* 上传图片格式显示 */
    "imageCompressEnable": true, /* 是否压缩图片,默认是true */
    "imageCompressBorder": 1600, /* 图片压缩最长边限制 */
    "imageInsertAlign": "none", /* 插入的图片浮动方式 */
    "imageUrlPrefix": "", /* 图片访问路径前缀 */
    "imagePathFormat": "/ueditor/php/upload/image/{yyyy}{mm}{dd}/{time}{rand:6}", /* 上传保存路径,可以自定义保存路径和文件名格式 */
                                /* {filename} 会替换成原文件名,配置这项需要注意中文乱码问题 */
                                /* {rand:6} 会替换成随机数,后面的数字是随机数的位数 */
                                /* {time} 会替换成时间戳 */
                                /* {yyyy} 会替换成四位年份 */
                                /* {yy} 会替换成两位年份 */
                                /* {mm} 会替换成两位月份 */
                                /* {dd} 会替换成两位日期 */
                                /* {hh} 会替换成两位小时 */
                                /* {ii} 会替换成两位分钟 */
                                /* {ss} 会替换成两位秒 */
                                /* 非法字符 \ : * ? " < > | */
                                /* 具请体看线上文档: fex.baidu.com/ueditor/#use-format_upload_filename */
```

图 9-7　config.json 配置界面

config.json 文件中有非常详细的中文注释，通过这些注释就应该知道如何配置了。比如，只允许上传".jpg"和".png"两种格式的图片，图片大小不能超过 2 MB，并保存到网站根目录中的"uploads/yyyymm"目录中（yyyy 表示当前 4 位年份，mm 表示当前 2 位月份），文件名使用当前的时间戳+4 位随机数。那么配置如图 9-8 所示。

```
/* 上传图片配置项 */
"imageActionName": "uploadimage", /* 执行上传图片的action名称 */
"imageFieldName": "upfile", /* 提交的图片表单名称 */
"imageMaxSize": 2097152, /* 上传大小限制，单位B */
"imageAllowFiles": [".png", ".jpg"], /* 上传图片格式显示 */
"imageCompressEnable": true, /* 是否压缩图片,默认是true */
"imageCompressBorder": 1600, /* 图片压缩最长边限制 */
"imageInsertAlign": "none", /* 插入的图片浮动方式 */
"imageUrlPrefix": "", /* 图片访问路径前缀 */
"imagePathFormat": "/uploads/{yyyy}{mm}/{time}{rand:4}",
```

图 9-8　时间戳+4 位随机数

【解读配置】

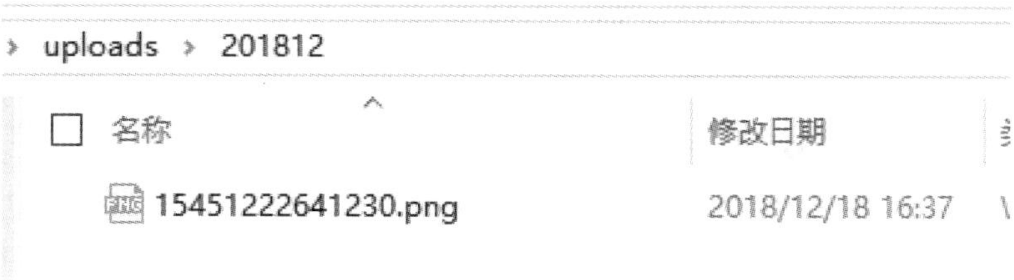

图 9-9　文件上传成功界面

图 9-9 所示为文件上传成功之后保存的路径与文件名。即使配置中所配置的目录不存在，UEditor 也会自动创建。

通过图片上传的实例，大家就可以参照实现音频、视频、附件上传了，这里就不再赘述。

项目练习题

一、编程题

1. 运用富文本编辑器实现文章管理系统的后台添加功能。

具体内容（网页界面功能）：

（1）文章标题字段；

（2）文章作者字段；

（3）文章内容信息；

（4）提交按钮。

项目十 PHP 操作 MySQL 数据库

【学习目标】

（1）了解 MySQL 数据库的特点；

（2）掌握常用 SQL 语句；

（3）掌握 PHP 通过 MySQLi 扩展操作 MySQL 数据库的一般方法。

【能解决的问题】

（1）能使用 Navicat 可视化管理工具实现对 MySQL 数据库的管理；

（2）能使用 PHP 的 MySQLi 扩展实现 MySQL 数据库的访问与操作。

目前，互联网上的绝大多数网站、网页上显示的信息(数据)都是保存在数据库中的，数据的交互是通过服务器端编程语言(如 PHP 语言)对数据库进行读、写等操作实现的。具体地讲，提供给用户浏览的页面是读取数据库中的信息后进行显示的，而填写表单操作(如注册、登录、发布文章、收藏、点赞等交互式功能)是将数据写入数据库中。由此可见，服务器端程序开发已经离不开数据库了，所示学习和掌握 PHP 操作 MySQL 数据库的相关知识也是必需的。

PHP 与 MySQL 数据库常常被业界称为"黄金搭档"。当然，PHP 也可以操作其他主流的数据库，如 Oracle、SQL Server、SQLite 以及 ODBC 所支持的数据库。只要加载相应的扩展就可以操作对应的数据库了。

模块一 MySQL 数据库操作

本模块我们将学习一个功能强大的开放源代码的数据库系统——MySQL。MySQL 系统相对其他的大型数据库系统来说，比较小巧，但是功能同样的强大，而且运行速度极快，还是开源的社区版本，免费提供下载和使用，因此在需要中小型数据库管理系统时，很多时候都是以 MySQL 作为首选。

任务一 MySQL 数据库简介

MySQL 数据库是众多关系型数据库产品中的一个，相比较其他系统而言，MySQL 数据库可以说是目前运行速度最快的 SQL 数据库，是一个真正的多用户、多线程 SQL 数据库系统。除了具有许多其他数据库所不具备的功能和选择之外，MySQL 数据库的社区版本是完全免费的产品，可以供用户自由下载、安装和使用，不必支付任务费用。

MySQL 的特点有以下几个方面：

（1）提供多种 API 接口。MySQL 符合 GNU 规则，为用户提供了 C、C++、C#、JAVA、

PHP、Python 等 API 接口。

（2）真正的多线程管理。MySQL 是一个多线程的数据库产品，这意味着在可能的情况下用户可以很容易地使用多个 CPU。另外，MySQL 使用多线程方式运行查询，可以做到使每一个用户都至少拥有一个线程，这对于多 CPU 系统来说，查询的速度和承载的负荷都比其他系统高。

（3）可以跨平台使用。MySQL 几乎可以运行在目前所有的主流平台中，包括 Windows、Windows Server、Linux、MacOS 以及早期的操作系统。

（4）数据类型丰富且更实用。MySQL 提供了数值类型、字符串类型、日期时间类型三个常用大类，每个大类又细分为多种具体的数据类型。如日期时间类型中又包含 datetime、date、year、time、timestamp 等类型。

（5）安全性好。MySQL 有着灵活和安全的权限系统，密码自动加密以确保安全，而且MySQL 要求用户的密码也必须加密。它的权限系统是很有特点的。

（6）提供 ODBC 接口。MySQL 为 Windows 提供 ODBC 接口，可通过 SQL Server 与之相连，而且还有第三方提供商提供多样的 ODBC 驱动程序。MySQL 可处理含有超过五千万条记录的大型数据库，而且表的大小取决于操作系统文件的大小限制。

（7）MySQL 采用的是 C/S 模式。数据库服务器是一个存放数据库的程序。它监听来自网络传过来的请求，并根据这些请求访问数据库的数据和实现数据库的相关操作。

任务二　MySQL 服务

在正式介绍 MySQL 服务之前，有必要回顾一下环境搭建部分的内容。在本书开发中使用的是 phpStudy 集成环境，MySQL 就集成在其中，也就是说安装 phpStudy 的同时，MySQL 就一并安装好了。并且 phpStudy2018 版还提供了两个可视化的管理工具，phpMyAdmin（网页版）和 MySQL-Front（Windows 视窗版），如图 10-1 所示。

图 10-1　phpStudy 提供的 MySQL 可视化管理工具入口

当然，用户也可以通过 MySQL 官方网站下载、安装和使用。在浏览器中访问 https://www.mysql.com/? ,进入"DOWNLOAD"导航页面，下载对应的版本并安装，如图 10-2 所示。

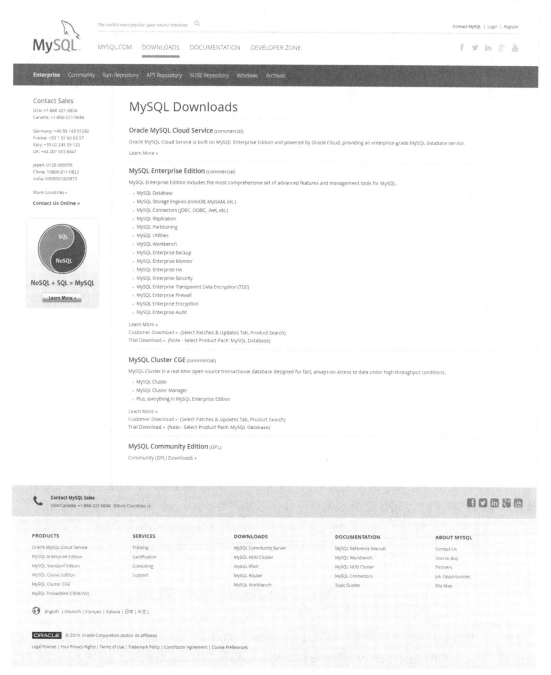

图 10-2　MySQL 下载页面

图 10-2 中，"Oracle MySQL Cloud Service"是 Oracle MySQL 云服务下载；"MySQL Enterprise Edition"是 MySQL 企业版下载；"MySQL Cluster CGE"是 MySQL 集群下载；"MySQL Community Edition"是 MySQL 社区版下载。其中社区版本是完全免费的。

接下来讨论 MySQL 服务相关的操作。无论使用什么工具管理 MySQL 数据库，或通过 PHP

访问 MySQL 服务器，都必须启动 MySQL 服务。phpStudy 给我们提供了一键启停服务的按钮，如图 10-3 所示。点击"启动"按钮就可以启动 Apache 和 MySQL 两个服务，需要注意观察 Apache 和 MySQL 文字后面若显示的是绿色圆点才表示成功启动，若显示的红色方框表示服务未启动或启动失败。启动失败常见的问题有两种，一是有另一个 MySQL 服务已经启动。虽然在一台计算机上可以安装多个 MySQL 程序，但是同一时刻只能启动其中的一个 MySQL 程序的服务。二是 MySQL 程序问题，这种情况往往需要重新安装 MySQL。

　　phpStudy 还可以单独启动、重启或停用 Apache 或 MySQL 其中的一个服务，具体操作就是在相应的按钮上右键单击选择，如仅停止 MySQL 服务，如图 10-3 所示。

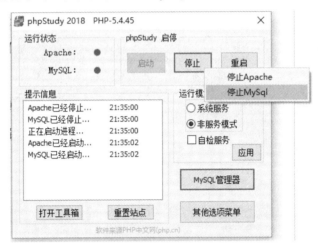

图 10-3　仅停止 MySQL 服务

模块三　MySQL 数据库的基本操作

　　MySQL 数据库的管理与操作主要有两种方式：一是使用命令方式，这需要掌握大量的 SQL 语句，一般是专业的 MySQL 数据库工程师和多年从事 MySQL 数据库开发的人员使用；二是通过第三方的可视化管理工具，比如前面提到的 phpMyAdmin、MySQL-Front 等，适合初学者学习和使用。在这里推荐一款 Navicat Premium 图形可视化管理工具。

任务一　Navicat Premium 简介

　　Navicat Premium 是一套数据库开发工具，能让用户在单一应用程序中同时连接 MySQL、MariaDB、MongoDB、SQL Server、Oracle、PostgreSQL 和 SQLite 数据库。它与 Amazon RDS、Amazon Aurora、Amazon Redshift、Microsoft Azure、Oracle Cloud、MongoDB Atlas、阿里云、腾讯云和华为云等云数据库兼容。通过该工具用户可以快速轻松地创建、管理和维护数据库。

　　Navicat 适用于三种平台：Microsoft Windows、Mac OS X 及 Linux。它可以让用户连接到任何本机或远程服务器，提供一些实用的数据库工具（如数据模型、数据传输、数据同步、结构同步、导入、导出、备份、还原、报表创建）及计划以协助管理数据。

Navicat 成员还有一款工具"Navicat for MySQL"，专用于操作 MySQL 数据库。最新版本 Navicat Premium 的功能列表，请访问官网了解。

任务二　MySQL 服务器的连接与数据库管理

在进行本任务之前，首先要确保 MySQL 服务成功启动。可打开 phpStudy 窗口查看。

一、连接 MySQL 服务器

（1）启动 Navice Premium 应用程序。点击工具栏中的"连接"按钮，再点击弹出的菜单中的"MySQL"项，如图 10-4 所示。

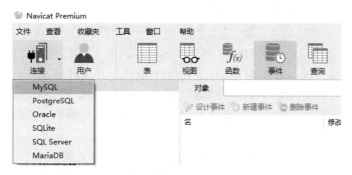

图 10-4　连接 MySQL 服务器

（2）"新建连接"对话框的设置，如图 10-5 所示。

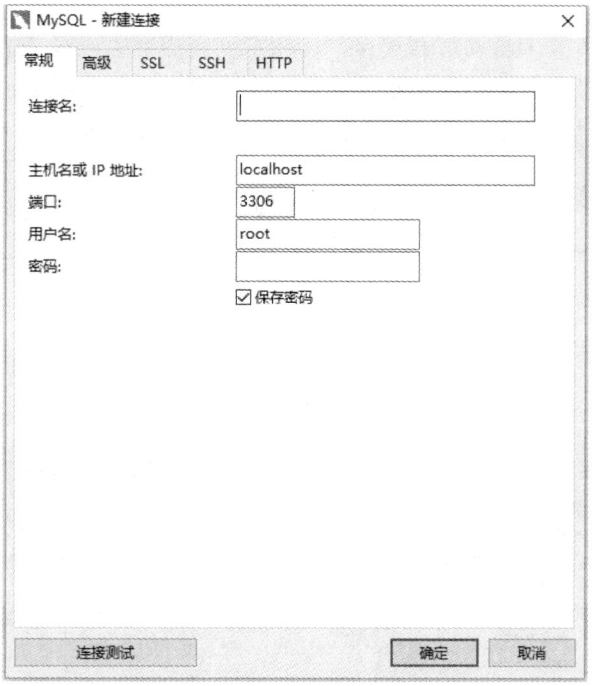

图 10-5　"新建连接"对话框

对话框各参数含义如下：

"连接名"：中、英文均可，用于识别多个连接，显示在左侧边栏中，如图 10-6 所示。

图 10-6 连接列表中的连接名

"主机名或 IP 地址"：此项默认值为"localhost"，表示本地连接(也可以填入 IP 地址 127.0.0.1)。在这里也可输入远程 MySQL 服务器 IP 地址，实现远程 MySQL 数据库的管理。

"端口"：MySQL 默认的端口号是"3306"，若修改过端口号，则需要输入修改后的端口号。

"用户名"与"密码"：就是连接 MySQL 服务器的用户名与密码。注意 root 用户的默认密码是"root"。

所有配置项都配置结束，可点击"连接测试"，若弹出"连接成功"，点击"确定"按钮并自动关闭对话框。若弹出错误信息，则需要根据错误信息完成相应的处理后重新创建连接。

二、打开连接

成功创建连接后，并未自动打开连接。可在左侧边栏中的连接名上双击或右键单击并执行"打开连接"项打开连接。可以通过连接名左侧的图标识别连接是否打开。" "表示连接未打开；" "表示连接已打开。展开连接即可以看到 MySQL 服务器中所有的 MySQL 数据库了，如图 10-7 所示。MySQL 服务器包含有"infomation_schema"（系统）数据库，"mysql"（系统）数据库，"performance_schema"（系统）数据库，"test"(用于测试)数据库，"teachdb"（用户建的）数据库。

提示：请勿操作上述三个系统数据库。

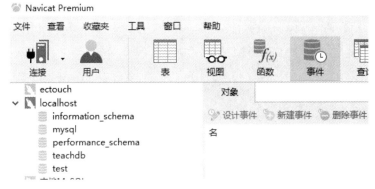

图 10-7 打开连接左侧边栏

已打开的连接可在连接名上右键单击"关闭连接"进行关闭，右键快捷菜单还提供其他选项完成相应的功能，请自行了解。

三、数据库管理

数据库管理主要包含创建数据库、删除数据库、打开与关闭数据库等操作。其中打开与关闭数据库的操作与打开与关闭连接相同，此处不再赘述。删除数据库操作非常简单，在数据库名右键快捷菜单执行"删除数据库"项即可删除。这里重点要介绍的是新建数据库。

首先打开一个数据库连接，然后在已打开的数据库连接名上右键单击，并在弹出的快捷菜单中选择"新建数据库……"项，最后打开"新建数据库"对话框，如图 10-8 所示。

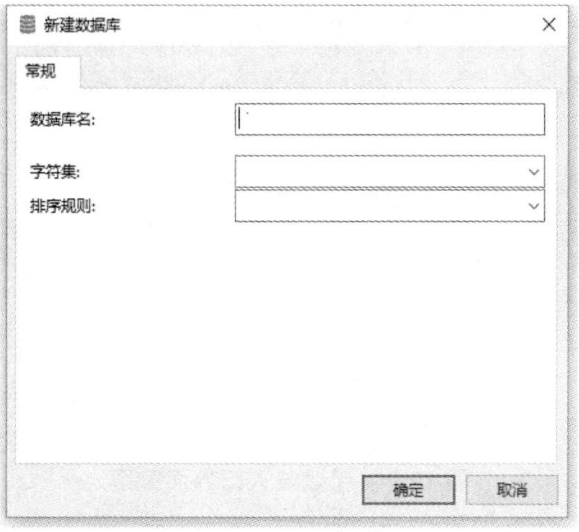

图 10-8　"新建数据库"对话框

对话框各参数含义如下：

"数据库名"：输入需要新建数据库的名称。命名规范是全小写英文字母，不使用符号或汉字命名。

"字符集"：MySQL 官方默认的字符集是"latin1"，无法保存中文。若使用的是 phpStudy 集成的 MySQL 时可以省略，采用 phpStudy 的配置。但是，强烈建议将"字符集"项设置为"utf8-UTF-8 Unicode"。若字符集未设置为"UTF""GBK""GB2312"，则中文数据将出现乱码。

"排序规则"：与"字符集"类似，phpStudy 环境中可以选择默认，但是，强烈建议设置为"utf8_general_ci"。若在"排序规则"下拉列表中没有"utf8_general_ci"项，请检查"字符集"设置。

以上三项全部正确配置后，点击"确定"按钮，保存设置并自动关闭对话框。这样就创建一个空数据库，双击左侧边栏中的数据库名，就可以打开新建的数据库了，也可以管理该数据库中的各种对象，如表、视图、函数、存储过程等。

模块四　MySQL 数据表

项目中所有的数据都是保存在数据库中的，准确地说是保存在数据库中的数据表(Table)

中的。所以建立项目数据库很重要的环节就是数据表的规划与设计。本模块学习 MySQL 数据表相关的知识与操作。

任务一　创建数据表(Table)

在 Navicat 中对于数据表对象的操作本身非常简单。打开连接的数据库，并点击该数据库中的"表"对象或点击工具样上的"新建表"，如图 10-9 所示。

图 10-9　新建表入口界面截图

点击后，创建并打开了一个无标题的新建表标签，就可以实现对数据表的创建了，如图 10-10 所示。

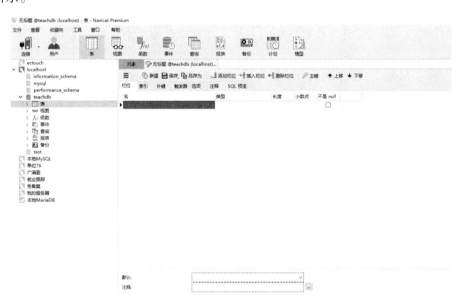

图 10-10　新建表标签界面

"栏位"标签页：完成数据表中列的定义与设置（也就是常说的字段或表头各列的定义）。

"索引"标签页：完成当前表所有索引的定义。

下面参考一个已经定义好的数据表，如图 10-11 所示。

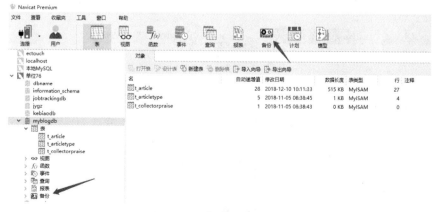

图 10-11　"博文"表各"栏位"设置

在图 10-11 中，需要特别注意规范命名的问题，表名与栏位名采用英文小写加下划线方式。

模块五　MySQL 数据库的备份与还原

在计算机网络技术飞速发展的今天，各行各业都采用了计算机系统对行业中的数据进行管理。如果没有及时对数据进行保存，数据库一旦出现故障，造成的后果将不堪设想。在 Navicat 数据库的管理中，Navicat 所具有还原和备份的功能将为用户提供坚实的保障。

任务一　数据库备份

（1）打开需要连接和需要备份的数据库，然后再点击工具栏中的"备份"按钮，如图 10-12 所示。

图 10-12　备份数据库入口

（2）进入"备份"界面后，点击"新建备份"按钮，弹出"新建备份"对话框，如图 10-13 所示。

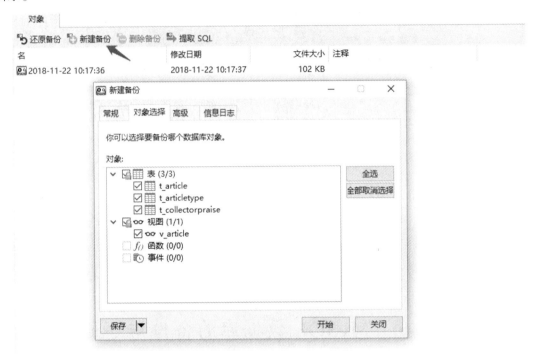

图 10-13　"新建备份"对话框"对象选择"界面

（3）如果是对数据库完全备份，那么进入"新建备份"对话框之后，直接点击"开始"按钮；如果只对部分对象备份，那么在"对象选择"标签中勾选需要备份之后，再点击"开始"按钮。

（4）备份完成后，在导航栏中就可以看到关于备份数据的信息。在备份时间上点击右键，选中"对象信息"命令，即可查看备份文件的存储位置、文件大小和创建时间，如图 10-14 所示。

图 10-14　数据库备份文件位置的获取

任务二　数据恢复

在 Navicat 界面的菜单栏中选择"备份"功能按钮。

在导航栏中点击"还原备份"按钮，在弹出的窗口点击"开始"按钮。如果会出现警告提示的窗口，点击"确定"按钮即可。

在数据库管理中，备份与还原相辅相成，作为一名优秀的程序员，要养成随时备份的良好习惯，这样才能保证数据的安全。

模块六　PHP 操作 MySQL——MySQLi 扩展的使用

PHP 是一门 Web 编程语言，而 MySQL 是一款网络数据库系统，这二者是目前 Web 开发中最优秀的组合之一，那么 PHP 是如何操作 MySQL 数据库的呢？从根本上来说，PHP 是通过预先写好的扩展程序(类或函数)与 MySQL 数据库进行通信，向数据库发送指令、接收返回数据等。图 10-15 给出了一个普通 PHP 程序与 MySQL 进行通信的基本原理示意图。

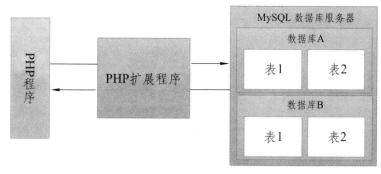

图 10-15　PHP 程序与 MySQL 数据库通信原理图

图 10-15 展示了 PHP 程序连接到 MySQL 数据库服务器的原理，可以看出，PHP 通过调用专门来处理 MySQL 数据库连接的相关扩展程序，来实现与 MySQL 通信。而且，PHP 并不直接操作数据库中的数据，而是把要执行的操作以 SQL 语句的形式发送给 MySQL 服务器，由 MySQL 服务器执行这些指令，并将结果返回给 PHP 程序。

PHP 扩展程序有很多，针对 MySQL 相关的扩展程序就有 MySQL 扩展、MySQLi 扩展以 PDO 扩展。目前在新项目中已经不再使用 MySQL 扩展了，PHP 官方也不再提供升级服务。MySQLi 扩展是 MySQL 扩展的升级版本，它提供了面向对象的编程方式，同时也支持面向过程的开发方式。所以这里主要介绍 MySQLi 扩展的使用。

关于 PHP 数据库相关扩展（MySQL 及其他 PHP 所支持的数据库），请访问 PHP 官方网站（中文页面）学习，网址为 https://www.php.net/manual/zh/refs.database.php。

任务一 MySQLi 扩展常用类、属性与方法

本任务主要介绍 MySQLi 扩展在日常项目开发过程中所常用的类、属性与方法。学习和掌握了这些类、属性与方法，就可以完成一些中、小型项目的开发了。

MySQLi 扩展最常用的三个类，分别是：

MySQLi 类：PHP 和 MySQl 数据库之间的一个连接类。通过此类实现对 MySQL 数据库连接，执行 SQL 语句。

Mysql_result 类：代表从一个数据库查询中获取的结果集。执行 SQL 语句（如：Select、Show 语句），可以通过此类实现对结果集中的数据进行相关的操作。

MySQL_STMT 类：代表一个预编译 SQL 语句。预处理语句用于执行多个相同的 SQL 语句，并且执行效率更高。可以实现 SQl 语句的参数化或占位符方式，从而提高安全性，有效防止 SQL 注入攻击。

一、MySQLi 类常用的属性与方法

表 10-1 MySQLi 类常用的属性与方法

面向对象接口	面向过程接口	描　述
属　性		
$mysqli::affected_rows	mysqli_affected_rows()	获取上次 Mysql 操作受影响的行数
$mysqli::connect_errno	mysqli_connect_errno()	返回最后一次连接数据库的错误代码
$mysqli::connect_error	mysqli_connect_error()	返回最后一次连接数据库的错误描述,类型为字符串
$mysqli::errno	mysqli_errno()	返回最近一次函数调用所产生的错误代码
$mysqli::error	mysqli_error()	返回最近一次错误代码的描述,类型是字符串
$mysqli::field_count	mysqli_field_count()	返回最近一次查询中，包含的列的数量
$mysqli::insert_id	mysqli_insert_id()	返回上次查询中所使用的自动生成的 ID

面向对象接口	面向过程接口	描　述
方　法		
mysqli::autocommit()	mysqli_autocommit()	打开或关闭数据库的自动提交（auto-committing）功能
mysqli::close()	mysqli_close()	关闭先前打开的数据库连接
mysqli::commit()	mysqli_commit()	提交当前的数据库事务
mysqli::query()	mysqli_query()	在数据库内执行查询
mysqli::rollback()	mysqli_rollback()	回滚当前事务
mysqli::select_db()	mysqli_select_db()	为数据库查询设置默认数据库
mysqli::set_charset()	mysqli_set_charset()	设置默认的客户端字符集

二、Mysqli_result 类常用的属性与方法

表 10-2　Mysqli_result 类常用的属性与方法

面向对象接口	面向过程接口	描　述
属　性		
$mysqli_result::field_count	mysqli_num_fields()	获取结果中字段数量
$mysqli_result::num_rows	mysqli_num_rows()	获取结果中行的数量
方　法		
mysqli_result::fetch_all()	mysqli_fetch_all()	抓取所有的结果行并且以关联数据、数值索引数组，或者两者皆有的方式返回结果集
mysqli_result::fetch_array()	mysqli_fetch_array()	以一个关联数组、数值索引数组，或者两者皆有的方式抓取一行结果
mysqli_result::fetch_assoc()	mysqli_fetch_assoc()	以一个关联数组方式抓取一行结果
mysqli_result::fetch_field()	mysqli_fetch_field()	返回结果集中的下一个字段
mysqli_result::fetch_fields()	mysqli_fetch_fields()	返回一个代表结果集字段的对象数组
mysqli_result::fetch_object()	mysqli_fetch_object()	以一个对象的方式返回一个结果集中的当前行
mysqli_result::fetch_row()	mysqli_fetch_row()	以一个枚举数组方式返回一行结果
mysqli_result::field_seek()	mysqli_field_seek()	设置结果指针到特定的字段开始位置
mysqli_result::free(), mysqli_result::close, mysqli_result::free_result	mysqli_free_result()	释放与一个结果集相关的内存

三、MySQLi_STMT 类常用的属性与方法

表 10-3　MySQLi_STMT 类常用的属性与方法

面向对象接口	面向过程接口	描　述
属　性		
$mysqli_stmt::affected_rows	mysqli_stmt_affected_rows()	返回受上次执行语句影响的总行数（修改、删除或插入）
$mysqli_stmt::field_count	mysqli_stmt_field_count()	返回语句内的字段数量
$mysqli_stmt::insert_id	mysqli_stmt_insert_id()	获取上次 Insert 操作生成的 ID
$mysqli_stmt::num_rows	mysqli_stmt_num_rows()	返回语句结果集中的行数
$mysqli_stmt::param_count	mysqli_stmt_param_count()	返回语句中参数的数量
方　法		
mysqli_stmt::bind_param()	mysqli_stmt_bind_param()	绑定变量参数到 prepared 语句
mysqli_stmt::bind_result()	mysqli_stmt_bind_result()	绑定变量参数到 prepared 语句，用于结果存储
mysqli_stmt::close()	mysqli_stmt_close()	关闭 prepared 语句
mysqli_stmt::execute()	mysqli_stmt_execute()	执行 prepared 查询
mysqli_stmt::fetch()	mysqli_stmt_fetch()	获取 prepared 语句中的结果，到指定变量中
mysqli_stmt::free_result()	mysqli_stmt_free_result()	释放给定语句处理存储的结果集所占内存
mysqli_stmt::get_result()	mysqli_stmt_get_result()	获取 prepared 语句中的结果，仅可用于 mysqlnd
mysqli_stmt::get_warnings()	mysqli_stmt_get_warnings()	暂无文档
mysqli_stmt::more_results()	mysqli_stmt_more_results()	检查多语句查询中是否还有更多结果
mysqli_stmt::next_result()	mysqli_stmt_next_result()	读取多语句查询中下一条结果
mysqli_stmt::num_rows()	mysqli_stmt_num_rows()	参见$mysqli_stmt::num_rows 中的属性
mysqli_stmt::prepare()	mysqli_stmt_prepare()	准备执行 SQL 语句
mysqli_stmt::reset()	mysqli_stmt_reset()	重置 prepare 语句
mysqli_stmt::store_result()	mysqli_stmt_store_result()	从 prepare 语句中传输储存结果集

任务二　MySQLi 完成数据库连接及数据表操作

通过 MySQLi 扩展操作 MySQL 数据库的常用步骤如下：

（1）创建 MySQLi 对象。连接 MySQL 数据库并打开要操作的数据库。

（2）操作数据库。发送并执行 SQL 语句。

（3）处理结果。处理执行结果。

（4）关闭连接。释放资源。

接下来用一个简单的实例来看看具体的代码实现。

假设 MySQL 数据库服务器的 IP 地址是 "127.0.0.1"，root 账号的密码是 "root_password"，数据库名为 "myblogdb"，其中一个数据表名为 "t_articles"，其表结构描述如下：

`article_id` int(10) unsigned NOT NULL AUTO_INCREMENT,

　　`article_type_id` int(10) unsigned NOT NULL DEFAULT '0' COMMENT '所属博文分类的 Id',

　　`title` varchar(100) NOT NULL COMMENT '博文标题',

　　`intro` text COMMENT '简介',

　　`cover_img_url` varchar(200) DEFAULT NULL COMMENT '博文封面图像 URL',

　　`content` text NOT NULL COMMENT '博文内容',

　　`hits` int(10) unsigned DEFAULT '0' COMMENT '阅读量',

　　`create_time` timestamp NULL DEFAULT CURRENT_TIMESTAMP COMMENT '发布时间',

　　`update_time` timestamp NULL DEFAULT NULL COMMENT '修改时间',

　　`delete_time` timestamp NULL DEFAULT NULL COMMENT '软删除时间

（1）执行无结果集的 SQL 语句，如：insert、update、delete 等 SQL 语句。

功能描述：向 t_articles 表中插入一条记录。

程序如下：

```php
<?php
// 1. 创建 MySQLi 对象。连接 MySQL 数据库并打开要操作的数据库
$mysqli = new mysqli('127.0.0.1', 'root', 'root_password', 'myblogdb');
// 2. 操作数据库。发送并执行 SQL 语句
$sql = "insert into t_articles (article_type_id, title, intro, cover_img_url, content) values (3, '标题', '简介', '封面图像.jpg', '内容');";
$result = $mysqli->query($sql);
// 3. 处理结果。处理执行结果
$newid = $mysqli->insert_id;       // 新插入数据的自增 id 的值
$rownumber = $mysqli->affected_rows;       // 受影响的行数(插入数据的行数)
// 4. 关闭连接。释放资源
$mysqli->close();
```

将以上程序中的$sql 变量的值改为 update 语句或 delete 语句就可以实现数据的修改与删除操作了。但是要注意的是，insert_id 属性只有在执行 insert 语句并且表中含有自增主键的字段才能返回。

（2）执行有结果集的 SQL 语句，如 select、show 等 SQL 语句。

功能描述：读取 t_articles 表中最新的 5 条博文数据。

程序如下：

```php
<?php
// 1. 创建 MySQLi 对象。连接 MySQL 数据库并打开要操作的数据库
$mysqli = new mysqli('127.0.0.1', 'root', 'root_password', 'myblogdb');
// 2. 操作数据库。发送并执行 SQL 语句
```

```
$sql = "SELECT * FROM t_article WHERE delete_time IS NULL ORDER BY create_time
DESC LIMIT 5;";
$result = $mysqli->query($sql);
// 3. 处理结果(有结果集,$result 是 mysqli_result 对象)
// 3-1  获取结果的记录数
$records = $result->num_rows;
// 3-2  通过 mysqli_result 对象的相关 fetch_xxx 方法读取数据。
$datas1 = $result->fetch_all();     // 读取整个结果集数据并生成二维数组
// $datas2 = $result->fetch_assoc();    读取一行数据并生成一维关联数组
// $datas3 = $result->fetch_array(MYSQLI_ASSOC | MYSQLI_NUM | MYSQLI_BOTH);
读取一行数据并生成一维参数指定的数组类型
// $data4 = $result->fetch_object(); 读取一行数据并生成对象。
// 4. 释放结果集
$result->free();
// 5. 关闭连接。释放资源
$mysqli->close();
```

以上程序简单演示了 PHP 程序如何通过 mysqli 扩展读取 MySQL 数据库中的数据。大多数情况下得到数组类型的数据之后，通过 json_encode()函数将数组解析为 JSON 字符串并 echo。客户端通过发送 HTTP 请求就可以得到 JSON 数据，实现页面元素数据的绑定渲染，这样用户就可以看到数据了。

任务三　学生基本信息查询

一、案例描述

用户可以通过"专业""班级"与"学生姓名"来自主设置组合条件查询相关学生基本信息。

二、实现方法

为了方便用户能高效地查询所需学生数据，案例提供了 datalist 表单元素，通过此元素用户可以输入，也可以选择。如果用户不清楚专业的全称或班级的全称可以输入专业或班级的关键字完成查询，选择可以精确查询。

本案例使用了 jQuery 库的 AJAX 方法，异步发送 HTTP 请求获取数据。

三、实现流程

本案例实现方法采用了目前较主流的开发方式，代码分离模式。从图 10-16 中可以看出，本案例只有一个页面，共有四个文件，每个文件都分别独立，方便后期维护与分工协作。

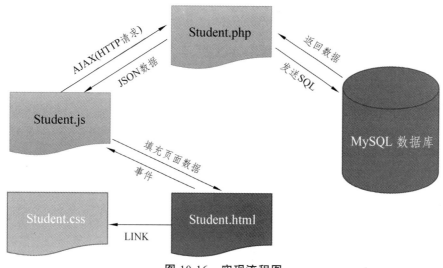

图 10-16　实现流程图

四、界面效果

页面加载完毕后界面如图 10-17 所示。

图 10-17　页面加载完毕

查询结果页面效果如图 10-18 所示。

图 10-18　查询结果页面

五、源程序

（一）student.html 文件源程序

```html
<!DOCTYPE html>
<html lang="zh-CN">

<head>
    <meta charset="utf-8">
    <meta http-equiv="X-UA-Compatible" content="IE=edge">
    <meta name="viewport" content="width=device-width, initial-scale=1">
    <title>学生基本信息</title>
    <link href="bs/css/bootstrap.min.css" rel="stylesheet">
    <link rel="stylesheet" href="css/students.css">
    <!--[if lt IE 9]>
        <script src="https://cdn.bootcss.com/html5shiv/3.7.3/html5shiv.min.js"></script>
        <script src="https://cdn.bootcss.com/respond.js/1.4.2/respond.min.js"></script>
    <![endif]-->
</head>

<body>
    <nav class="navbar navbar-default">
        <div class="container-fluid">
            <!-- Brand and toggle get grouped for better mobile display -->
            <div class="navbar-header">
                <button type="button" class="navbar-toggle collapsed" data-toggle="collapse" data-target="#bs-example-navbar-collapse-1"
                    aria-expanded="false">
                    <span class="sr-only">Toggle navigation</span>
                    <span class="icon-bar"></span>
                    <span class="icon-bar"></span>
                    <span class="icon-bar"></span>
                </button>
                <a class="navbar-brand logoimg" href="#">
                    <img src="imgs/logo.png" alt="" height="100%">
                </a>
            </div>

            <!-- Collect the nav links, forms, and other content for toggling -->
            <div class="collapse navbar-collapse" id="bs-example-navbar-collapse-1">
```

```html
<ul class="nav navbar-nav">
  <li>
    <a href="#">首页
      <span class="sr-only">(current)</span>
    </a>
  </li>
  <li>
    <a href="#">公司简介</a>
  </li>
  <li class="dropdown">
    <a href="#" class="dropdown-toggle" data-toggle="dropdown" role="button" aria-haspopup="true" aria-expanded="false">公司动态
      <span class="caret"></span>
    </a>
    <ul class="dropdown-menu">
      <li>
        <a href="#">Action</a>
      </li>
      <li>
        <a href="#">Another action</a>
      </li>
      <li>
        <a href="#">Something else here</a>
      </li>
      <li role="separator" class="divider"></li>
      <li>
        <a href="#">Separated link</a>
      </li>
      <li role="separator" class="divider"></li>
      <li>
        <a href="#">One more separated link</a>
      </li>
    </ul>
  </li>
  <li class="dropdown">
    <a href="#" class="dropdown-toggle" data-toggle="dropdown" role="button" aria-haspopup="true" aria-expanded="false">公司产品
      <span class="caret"></span>
    </a>
    <ul class="dropdown-menu">
```

```html
            <li>
                <a href="#">Action</a>
            </li>
            <li>
                <a href="#">Another action</a>
            </li>
            <li>
                <a href="#">Something else here</a>
            </li>
            <li role="separator" class="divider"></li>
            <li>
                <a href="#">Separated link</a>
            </li>
            <li role="separator" class="divider"></li>
            <li>
                <a href="#">One more separated link</a>
            </li>
          </ul>
        </li>
        <li class="active">
            <a href="#">学生信息</a>
        </li>
      </ul>
    </div>
  </div>
</nav>

<!-- 布局容器 -->
<div class="container">
  <!-- 标题 -->
  <h2 class="page-header h2m">
    <span class="glyphicon glyphicon-user title-color"></span> 
    <span id="classname"></span>学生基本信息</h2>

  <!-- 查询框 -->
  <div class="alert alert-info">
    <button type="button" class="close" data-dismiss="alert" aria-hidden= "true"> &times;
</button>
        <div class="container-fluid">
          <div class="col-sm-2">
```

```html
            <strong>查询条件设置：</strong>
        </div>
        <div class="col-sm-3">
            <input type="text" name="proname" id="proname" list="prolist" class="form-control" placeholder="请输入专业名称">
            <datalist id="prolist">

            </datalist>
        </div>
        <div class="col-sm-3">
            <input type="text" name="txtclassname" id="txtclassname" list="classlist" class="form-control" placeholder="请输入班级名称">
            <datalist id="classlist">

            </datalist>
        </div>
        <div class="col-sm-2">
            <input type="text" name="stuname" id="stuname" class="form-control" placeholder="学生姓名">
        </div>
        <div class="col-sm-2">
            <button type="button" class="btn btn-success btn-search"><span class="glyphicon glyphicon-search"></span> 查询</button>
        </div>
    </div>
</div>


<!-- 表格 -->
<table class="table table-bordered table-hover table-striped">
    <thead>
        <tr class="success">
            <th>学号</th>
            <th>姓名</th>
            <th>性别</th>
            <th>出生日期</th>
            <th>年龄</th>
            <th>操作</th>
        </tr>
    </thead>
```

```
    <tbody id="datas">

    </tbody>
  </table>
</div>

<script src="bs/js/jquery.min.js"></script>
<script src="bs/js/bootstrap.min.js"></script>
<script src="js/students.js"></script>
</body>

</html>
```

（二）student.css 文件源程序

```
.logoimg {
padding-top: 2px;
padding-bottom: 2px;
}

.title-color {
color: red;
}

.h2m {
margin-top: 20px;
}
```

（三）student.js 文件源程序

```
// jQuery Ready 事件处理程序
; $(function () {
// 1. 请求所有专业名称，并添加到查询框中的专业 datalist 中
$.getJSON("api/profession.php", { op: 'getallname' },
    function (data, textStatus, jqXHR) {
        let tags = '';
        for (const item of data) {
            tags += `<option>${item.pro_name}</option>`;
        }
        $('#prolist').append(tags);
    }
);
```

// 2. 当专业框中的值发生改变并离开焦点时，获取专业框中的值，并 AJAX 该专业的所有班级

```javascript
$('#proname').change(function (e) {
    $.getJSON("api/classes.php", { op: 'getclassbypro', pro: $('#proname').val() },
        function (data, textStatus, jqXHR) {
            console.log(data);
            let tags = '';
            for (const item of data) {
                tags += `<option>${item.classname}</option>`;
            }
            $('#classlist').empty().append(tags);
        }
    );
});
```

// 3. 绑定"查询"按钮，获取查询框中三个元素的值，发送 AJAX 请求数据，并处理数据显示。

```javascript
$('.btn-search').click(function (e) {
    // 获取三个单元元素的值。
    let proname = $('#proname').val().trim();
    let classname = $('#txtclassname').val().trim();
    let stuname = $('#stuname').val().trim();

    $.getJSON("api/students.php", {
        op: 'getstudents',
        proname: proname,
        classname: classname,
        stuname: stuname
    },
        function (data, textStatus, jqXHR) {
            console.log(data);
            $('#classname').text(data.classname);
            // 判断并添加"班级名称"列
            if (data.count > 1) {
                $('thead>tr').prepend('<th>班级名称</th>');
            } else {
                if ($('thead>tr>th:first').text() == '班级名称') {
                    $('thead>tr>th:first').remove();
                }
```

```javascript
                }

        let tags = '';
        for (const item of data.studentsInfo) {
            let birthday = item.id.substr(6, 4) + '-' + item.id.substr(10, 2) + '-' +
item.id.substr(12, 2);
            let age = getAgeByBithday(birthday);
            let gender = item.id.substr(16, 1) % 2 ? '男' : '女';

            // 判断并添加班级列
            let cell = data.count > 1 ? `<td>${item.classname}</td>` : '';

            tags +=
`<tr>${cell}<td>${item.no}</td><td>${item.name}</td><td>${gender}</td><td>${birthday}</td
><td>${age}</td>
            <td><button class="btn btn-info btn-sm" data-id="${item.studentId}"><span
class="glyphicon glyphicon-edit"></span></button> <button class="btn btn-warning btn-sm btn-
del" data-id="${item.StudentID}"><span class="glyphicon glyphicon-remove"></span> </button>
</td>
            </tr>`;
            }
            $('#datas').empty().append(tags);
        }
    );

});

// 绑定"删除"按钮的 click 事件
$('tbody').on('click', '.btn-del', function(e){
    if(!confirm('是否真的要删除？')) {
        return;
    }
    // 获取被单击按钮的 data-id 属性的值
    // JS DOM 对象转 jQuery 对象$(DOM)
    // this 的指向，被调用的对象
    // 1. 通过变量携带 this
    // 2. ES6 箭头函数：这改变 this 的指向
    let id = $(this).attr('data-id');
    // let btnobj = $(this);
```

```javascript
// 发送 AJAX 请求，并将 id 值一并传递
$.getJSON("api/students.php", {op: 'delbyid', id},
    (data, textStatus, jqXHR) => {
        alert(data.msg);
        // 删除表行
        // jQuery 树遍历的相关方法
        $(this).parent().parent().remove();
    }
);
})


/* $.getJSON('api/students.php', {op: 'abc'}, function(json, textStatus) {
//json = JSON.parse(json);          // JSON 字符串解析为 JS 对象
console.log(json);
// 替换班级名称
$('#classname').text(json.className);

let tags = '';                    // let ES6，声明一个局部变量。
for(item of json.studentsInfo) {
    // tags += '<tr><td>' + item.no + '</td><td></td><td></td><td></td></tr>';
    // 截取生日
    let birthday = item.id.substr(6, 4) + '-' + item.id.substr(10, 2) + '-' + item.id.substr(12, 2);
    // let gender = item.gender ? '男' : '女';
    // JS 中数据类型：number
    // * JS Date 对象的初始化
    // 1. new Date()：以当前的系统日期时间初始化 Date 对象
    // 2. new Date(datetimestring)：指定的 datetimestring 初始化 Date 对象
    // 3. new date(year, month, day, hour, minute, second)
    // * 两个 Date 对象相减，得到相差的毫秒数。

    let age = getAgeByBithday(birthday);
    let gender = item.id.substr(16,1) % 2 ? '男' : '女';


    tags += `<tr><td>${item.no}</td><td>${item.name}</td><td>${gender}</td><td>${birthday}</td><td>${age}</td>
        <td><button class="btn btn-info btn-sm" data-id="${item.StudentID}"><span class="glyphicon glyphicon-edit"></span></button> <button class="btn btn-warning btn-sm" data-id="${item.StudentID}"><span class="glyphicon glyphicon-remove"></span></button></td>
```

```javascript
                </tr>`;          // ES6 字符串模板,解析变量的格式：${变量名}
        }
        $('#datas').append(tags);
    }); */
});


function getAgeByBithday(birthday) {
// 初始化当前时间的 Date 对象
let Now = new Date();
// 初始化参数 birthday Date 对象
let Birthday = new Date(birthday);

let tmp = Now - Birthday;

let age = Math.floor(tmp / 1000 / (24 * 3600) / 365);

return age;
}
```

（四）student.php 文件源程序

```php
<?php
$option = strtolower($_REQUEST['op']);

$mysqli = new mysqli('localhost', 'root', 'root', 'stu');

switch($option) {
    // 根据条件返回学生信息
    case "getstudents":
        $proname = $_GET['proname'];
        $classname = $_GET['classname'];
        $stuname = $_GET['stuname'];

        $con = '';
        if($proname != '') $con .= " AND proName='{$proname}'";
        if($classname != '') $con .= " AND classname='{$classname}'";
        if($stuname != '')   $con .= " AND stuName LIKE '%{$stuname}%'";

        // 构造满足条件的班级数量
        $sql = "SELECT COUNT(DISTINCT classname) AS count FROM v_stu_class_pro
WHERE studentId>0{$con}";
```

```php
        $res = $mysqli->query($sql);
        $classcount = $res->fetch_all()[0][0];

        $sql = "SELECT studentId, stuNo AS no, classname AS classname, stuName AS name,
idcard AS id FROM v_stu_class_pro WHERE studentId>0{$con}";
        // 执行 SQL 语句
        $res = $mysqli->query($sql);
        $arr = $res->fetch_all(MYSQLI_ASSOC);

        $studentsdata = [
            'className' =>      count($arr) && $classcount == 1 ? $arr[0]['classname'] : '',
            'count'     => $classcount,
            'studentsInfo'  => $arr
        ];
        $res->free();
        echo json_encode($studentsdata);
        break;

        // 根据 id 软删除学生
    case "delbyid":
        $id = $_GET['id'];
        $now = time();
        $sql = "UPDATE t_students SET delete_time={$now} WHERE student_id={$id};";
        //若非结果集的 SQL 语句(insert/update/delete), 返回 bool 值,若成功执行返回 true
        $res = $mysqli->query($sql);
        $rows = $mysqli->affected_rows;        // 返回受影响行数.

        $arr = ['msg' => '删除成功!'];

        echo json_encode($arr);

        break;
    }

$mysqli->close();
```

（五）classes.php 文件源程序

```php
<?php
$option = strtolower($_REQUEST['op']);
```

```php
$mysqli = new mysqli('localhost', 'root', 'root', 'stu');

switch($option) {
    // 根据专业名称返回班级
    case "getclassbypro":
        $proname = $_GET['pro'];
        $sql = "SELECT * FROM v_class_pro WHERE proName='{$proname}';";
        // 执行 SQL 语句
        $res = $mysqli->query($sql);
        $arr = $res->fetch_all(MYSQLI_ASSOC);
        echo json_encode($arr);
        break;
}

$mysqli->close();
```

（六）profession.php 文件源程序

```php
<?php
$option = strtolower($_REQUEST['op']);

$mysqli = new mysqli('localhost', 'root', 'root', 'stu');

switch($option) {
    // 获取所有专业名称
    case "getallname":
        $sql = "SELECT pro_id, pro_name FROM t_pro WHERE delete_time is null;";
        // 执行 SQL 语句
        $res = $mysqli->query($sql);
        $arr = $res->fetch_all(MYSQLI_ASSOC);
        echo json_encode($arr);
        break;
}

$mysqli->close();
```

项目练习题

一、选择题（有一个或者多个答案）

1. MySQL 数据库与 SQL Server 相同，都属于关系型数据库。与 SQL Server 相比较有哪

些优点？（　　　　）

      A. MySQL 性能更出色   B. MySQL 支持跨平台

      C. MySQL 开源   D. MySQL 不需要安装

2. MySQL 数据库选用的字符集是（　　　　）属性。

      A. utf8   B. utf8-UTF-8 Unicode

      C. Unicode   D. utf8_general_ci

3. MySQL 数据类型分为四大类，常用的有（　　　　）。

      A. 数值类型   B. 日期时间类型

      C. 字符串类型   D. 整型

4. 下面不是 MySQL 数据类型的是（　　　　）。

      A. nchar   B. nvarchar   C. int   D. ntext

5. PHP 操作数据库一共提供了三种方式，分别是（　　　　）。

      A. MySQL 扩展函数

      B. MySQLi 扩展函数

      C. PDO(PHP Data Object，PHP 数据对象)

      D. SQL SERVER

6. 连接 MySQL 服务器的关键代码是（　　　　）。

      A. $mysqli = new mysqli(hostname; username; password;dbname)

      B. $mysqli = new mysqli(hostname、username、password、dbname)

      C. $mysqli = new mysqli(hostname| username| password| dbname)

      D. $mysqli = new mysqli(hostname, username, password, dbname)

二、填空题

1. MySQL 默认端口是＿＿＿＿＿＿＿＿＿＿＿。

2. MySQL 默认的用户名是＿＿＿＿＿＿＿＿＿。

3. 通常我们在 PHP 中还需要指定客户端的字符集为＿＿＿＿＿＿＿＿＿。

4. MySQLi 执行一个 SQL 语句的方法是＿＿＿＿＿＿＿＿＿＿＿＿＿。

项目十一　PHP 会话控制

【学习目标】

（1）掌握 Cookie 技术与使用方法；

（2）掌握 Session 机制与使用方法。

【能解决的问题】

（1）能进行 Cookie、Session 的基本使用；

（2）能完成用户登录与退出；

（3）能防御 Cookie 和 Session 会话的 XSS 攻击。

模块一　Cookie 技术

任务一　Cookie 简介

在实际生活中，商户为了有效地管理和记录客户的信息，通常会用办理 VIP 卡的方式，将用户的姓名、手机号等信息记录下来，而顾客一旦接收到 VIP 卡，以后每次去消费，都可以展示 VIP 卡，商户就会根据顾客的历史消费记录，计算会员的优惠额度以及积分的累加等。

在 Web 应用程序中，Cookie 的功能类似于 VIP 卡。它是网站为了辨别用户身份而存储在用户本地终端上的数据。当用户通过浏览器访问 Web 服务器时，服务器会给客户发送一些信息，这些信息都保存在 Cookie 中；当该浏览器再次访问服务器时，会在请求头中将 Cookie 发送给服务器，这样，服务器就可以对浏览器做出正确的响应。利用 Cookie 可以跟踪用户服务器之间的会话状态，通常应用于保存浏览历史、保存购物车商品和保存用户状态等场景。浏览器和服务器之间的传输过程如图 11-1 所示。

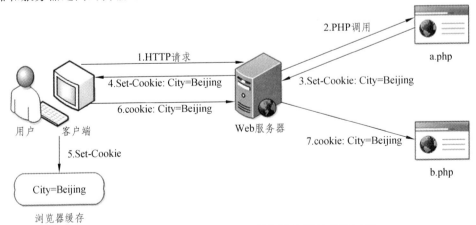

图 11-1　Cookie 在浏览器和服务器之间的传输过程

任务二　Cookie 的创建和修改

在 PHP 中通过使用 setcookie()函数可以创建或修改 Cookie，其申明方式如下：

```
bool setcookie (
    string $name ,          // Cookie 的名（必选）
    string $value = "" ,    // Cookie 的值（可选）
    int $expire = 0 ,       // Cookie 的有效期（可选）
    string $path = "" ,     // Cookie 在服务器端的路径（可选）
    string $domain = "" ,   // Cookie 的有效域名（可选）
    bool $secure = false ,  // 指定是否通过安全的 HTTPS 连接来传输（可选）
    bool $httponly = false  // 指定 Cookie 只能通过 HTTP 协议访问（可选）
)
```

通过以下实例代码演示 setcookie()函数的常用设置方式，如下所示：

```
// 设置 Cookie
setcookie('time', '123');  // 设置一个名称为 time 的 Cookie，其值为 123
setcookie('out', '456');   // 设置一个名称为 out 的 Cookie，其值为 456
 // 设置 Cookie 过期时间
setcookie('data', 'PHP');           // 未指定过期时间，在会话结束时过期
setcookie('data', 'PHP', time() + 1800);        // 30 分钟后过期
setcookie('data', 'PHP', time() + 60 * 60 * 24);    // 一天后过期
```

上述代码演示了如何使用 setcookie()函数设置 Cookie，该函数的第 3 个参数是时间戳，当省略时 Cookie 仅在本次会话有效，用户关闭浏览器时会话就结束。

有两点需要注意：

（1）由于 Cookie 是 HTTP 请求消息头的一部分，因此 setcookie()函数必须在其他信息被输出到浏览器前调用，否则会导致程序出错。

（2）一个浏览器能创建的 Cookie 数量最多为 30 个，并且每个 Cookie 的容量不能超过 4 kb，每个 Web 站点能设置的 Cookie 总数不能超过 20 个。

任务三　Cookie 的读取

在 PHP 中，任何从客户端发送的 Cookie 数据都会被自动存入到$_COOKIE 超全局数组中。通过访问该数组可以获取 Cookie 数据，代码如下：

```
<?php
2    // 保存和获取普通变量形式的 Cookie
3    setcookie('test', 123);
4    echo isset($_COOKIE['test']) ? $_COOKIE['test']:''
5    // 保存和获取数组形式的 Cookie
6    setcookie('history[one]', 4);
```

```
7      setcookie ('history [two]',5);
8      $history = isset($_COOKIE['history'])?.(array)$_COOKIE['history']:[ ] ;
9      foreach ($history as $k => $v) {.
10         echo "$k - $v <br>";
11     }
```

从上述代码中可以看出，$_COOKIE 数组的使用方法和$_GET、$_POST 基本相同。当一个 Cookie 中需要设置多个值时，可以在 Cookie 名后添加 "[]" 进行标识。需要注意的是，当PHP 第一次通过 setcookie()函数创建 Cookie 时，$_COOKIE 中没有这个数据，只有当浏览器下次请求并携带 Cookie 时，才能通过$_COOKIE 获取到。

当服务器端 PHP 通过 setcookie()函数向浏览器端发送 Cookie 后，浏览器就会保存 Cookie,并在下次请求时自动携带 Cookie。对于普通用户来说，Cookie 是不可见的，但 Web 开发者可以通过 Chrome 浏览器的开发者工具（功能键 F12）查看 Cookie。在开发者工具中切换到 Network选项卡中的 Cookies 查看，如图 11-2 所示。

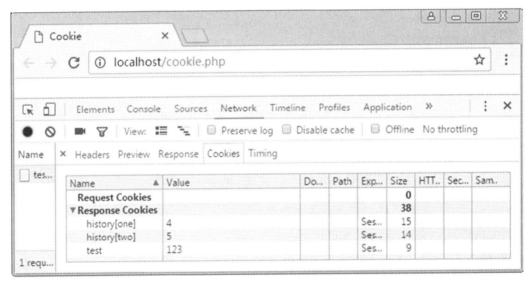

图 11-2　查看 Cookies

任务四　Cookie 的删除

当 Cookie 创建后，如果没有设置它的有效时间，则 Cookie 文件会在关闭浏览器时自动被删除。但是，如果希望在关闭浏览器前删除 Cookie 文件，同样可以使用 setcookie()函数来实现。具体示例如下：

　　setcookie ('data', '', time() - 1);　　// 立即过期（相当于删除 COOKIE）

与创建 Cookie 不同，删除 Cookie 时只需将 setcookie()函数中的参数$value 置为空，参数$expire 设置为小于系统的当前时间即可。需要注意的是，在删除 Cookie 的同时，用户的临时文件夹下对应的 Cookie 文件也会被删除。

下面总结删除 Cookie 的两种方式：

（1）Cookie 创建时未设置有效时间，则 Cookie 文件会在关闭浏览器时自动被删除。

（2）利用 setcookie() 函数设置过期时间删除。

任务五　Cookie 的生命周期

严格来讲，Cookie 有生命周期，也就是 Cookie 存在的有效时间。可以通过设置第 3 个参数来设置有效时间。

设置 Cookie 有效时间的几种方式如下：

（1）setcookie("cookie_one","A",time()+60*60);
　　　//cookie 在一小时后失效

（2）setcookie("cookie_two","B",time()+60*60*24);
　　　//cookie 在一天后失效

（3）setcookie("cookie_three","C",mktime(23,53,19,10,09,2020));
//cookie 在 2020 年 10 月 9 日 23 时 53 分 19 秒失效

（4）setcookie("cookie_four","D");
//关闭浏览器后 cookie 失效

模块二　Session 管理

任务一　Session 简介

Session 在网络应用中称为"会话"，在 PHP 中用于保存用户连续访问 Web 应用时的相关数据，这有助于创建高度定制化的程序、增加站点的吸引力。

Session 是一种服务器端的技术，它的生命周期从用户访问页面开始，直到断开与网站的连接时结束。当 PHP 启动 Session 时，Web 服务器在运行时会为每个用户的浏览器创建一个供其独享的 Session 文件，如图 11-3 所示。

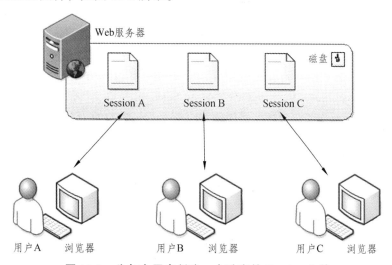

图 11-3　为每个用户创建一个独享的 Session 文件

Session 是在服务器端保持用户会话数据的一种方法，其工作原理如下：

（1）当浏览器第一次访问 PHP 脚本时，seesion_start()函数会创建一个唯一的 Session ID（每个客户端都有一个唯一的标识），并自动通过 HTTP 的响应头，将这个 Session ID 保存到客户端 Cookie 中。同时，也在服务器端创建一个以 Session ID 命名的文件，用于保存这个用户的会话信息。

（2）当同一个用户再次访问这个网站时，会自动通过 HTTP 的请求头将 Cookie 中保存的 Seesion ID 携带过去。

（3）服务器 PHP 脚本接收到客户端请求，这时 session_start()函数就不会再去分配一个新的 Session ID，而是在服务器的硬盘中去寻找和这个 Session ID 同名的 Session 文件，将这之前为这个用户保存的会话信息读出。

在会话期间，当用户第一次访问服务器时，PHP 都会自动生成一个唯一的会话 ID，用于标识不同的用户。Session 会话时，会话 ID 会分别保存在客户端和服务器端两个位置。在客户端，使用临时的 Cookie 保存在浏览器指定目录中（称为 Session Cookie）；在服务器端，以文本文件形式保存在指定的 Session 目录中，具体如图 11-4 所示。

图 11-4　Session 创建过程

任务二　创建会话

创建 Session 唯一标识的方法有两种：通过 Cookie 创建或者 GET 方式创建。PHP 在默认情况下使用 Session 会建立一个名叫 PHPSESSID 的 Cookie（可以通过 php.ini 修改 session.name 的值），如果客户端禁用 Cookie，可以通过 GET 方式把 Session ID 传到服务器（修改 php.ini 中 session.use_trans_sid 等参数）。Session 是以文件的形式保存的，php.ini 中有个配置项 session.save_path，为该配置项填写好路径会，将会保存所有 Session 文件到该路径中。Session 文件的命名格式是为 sess_[PHPSESSID 的值]。每一个文件里面都保存了一个会话的数据，并且保存在 Session 文件中的数据是经过序列化处理的，比如：

cityID|i:0;cityName|s:3:"all";fanwe_lang|s:5:"zh-cn";fanwe_currency|a:4:{s:2:"id";s:1:"1";s:6:"name_1";s:9:"人民币";s:4:"unit";s:3:"￥";s:5:"radio";s:6:"1.0000";}_fanwe_hash__|s:32:"77c18770c6cb5d89444c407aaa3e8477";

Session 同样可以用来保存用户名、密码、个性化设置等一些简单的信息，下面介绍 Session 的使用说明。

一、创建 Session

session_start();//启动

$_SESSION["username"] = "kc"; //注册 session 变量，赋值为一个用户的名称

$_SESSION["uid"] = 1; //注册 session 变量，赋值为一个用户的 ID

注意：在上述声明中，bool 是 session_start()函数的返回值类型，如果 session 启动成功，该函数返回 true，否则返回 false。

二、向 Session 添加数据

完成 Session 的启动后，Web 服务器会声明一个超全局数组$_SESSION[]，用于保存用户特定的数据。将各种类型的数据添加到 Session 中，必须使用超全局数组$_SESSION[]，具体示例如下：

$_SESSION['key'] = $val;

在上述代码中，key 表示一个字符串，$val 表示任意类型的数据。

三、读取 Session 中的数据

在实际开发中，常常需要读取 Session 中存储的数据，由于 Session 中的数据都保存在超全局数组$_SESSION[]中，因此，需要从超全局数组$_SESSION[]中读取数据，其读取方式如下所示：

$val = $_SESSION[' key'];

在上述语法格式中，$val 表示一个变量，用来存储从 Session 中获取的数据，它可以是基本数据类型，也可以是数组或对象。key 是$_SESSION[]数组中元素所对应的字符串下标。

四、删除 Session 中的数据

服务器在收到用户退出网站请求时，需要删除该次会话中的数据。在 PHP 中，有三种删除 Session 中数据的方式，它们分别是删除单个数据、删除所有数据以及结束当前会话，下面对它们分别进行介绍。

（一）删除单个数据

删除单个数据通过 unset()函数来完成，具体示例如下：

unset($_SESSION['key']);

在上述示例中，unset()函数的参数是$_SESSION[]数组中的指定元素，通过该函数删除数组中的一个元素。

又比如，unset($_SESSION['username'])可以删除$_SESSION[]数组中键为"username"对应的数据。

（二）删除所有数据

如果想一次删除 Session 中所有的数据，只需要将一个空的数组赋值给$_SESSION[]即可，

具体示例如下：

$_SESSION = array();

在上述代码中，右边就是一个空数组，将空数组赋值给左边的$_SESSION[]数组，这样便一次删除了所有的数据。

值得注意的是，使用 session_unset()函数也能达到删除所有数据的目的。

（三）结束当前会话

PHP 中提供了 session_destory()函数用于结束当前会话，调用该函数将注销当前会话，并且删除会话中的全部数据，其函数格式如下：

session_destroy (void) : bool

在上述声明中，bool 表示该函数的返回值为布尔类型，销毁成功时会返回 true，失败时返回 false。

session_destroy()销毁当前会话中的全部数据，但是不会重置当前会话所关联的全局变量，也不会重置会话 cookie。如果需要再次使用会话变量，必须重新调用 session_start()函数。

注意：通常情况下，代码中不必调用 session_destroy()函数，可以直接清除 $_SESSION 数组中的数据来实现会话数据清理。

为了彻底销毁会话，必须同时重置会话 ID。如果是通过 cookie 方式传送会话 ID 的，那么同时也需要调用 setcookie()函数来删除客户端的会话 cookie。

当启用了 session.use_strict_mode 配置项的时候，不需要删除过期会话 ID 对应的 cookie，因为会话模块已经不再接收携带过期会话 ID 的 cookie 了，然后它会生成一个新的会话 IDcookie。建议所有的站点都启用 session.use_strict_mode 配置项。

值得注意的是，过早的删除会话中的数据可能会导致不可预期的结果。例如，当存在从 JavaScript 或者 URL 链接过来的并发请求的时候，某一个请求删除了会话中的数据，会导致其他的并发请求无法使用会话数据。

虽然当前的会话处理模块不会接收为空的会话 ID，但是由于客户端（浏览器）的处理方式，立即删除会话中的数据可能会导致生成为空的会话 cookie，进而导致客户端生成很多不必要的会话 ID cookie。

为了避免这种情况的发生，需要在$_SESSION 中设置一个时间戳，在这个时间戳之后的对于会话的访问都将被拒绝。或者，确保用户的应用中不存在并发请求。

具体示例如下：

```php
<?php
// 初始化会话
// 如果要使用会话，别忘了现在就调用

session_start();
// 重置会话中的所有变量
$_SESSION = array();
// 如果要清理的更彻底，那么同时删除会话 cookie
// 注意：这样不但销毁了会话中的数据，还同时销毁了会话本身
if (ini_get("session.use_cookies")) {
    $params = session_get_cookie_params();
```

```
setcookie(session_name(), '', time() - 42000,
    $params["path"], $params["domain"],
    $params["secure"], $params["httponly"]
);
}

// 最后，销毁会话
session_destroy();
?>
```

任务三　Session 设置时间

一、Session 有效期

PHP 的 session 有效期默认是 1440 s（24 min），如果客户端超过 24 min 没有刷新，当前 session 会被回收，失效。

当用户关闭浏览器，会话结束，session 也会失效。

可以通过修改 php.ini 的 session.gc_maxlifetime 来设置 session 的生命周期，但并不能保证在超过这一时间后 session 信息会被立即删除。因为 GC（Garbage Collection）不是一直启动的，可能在某一个长时间内都没有被启动，那么大量的 session 就有可能在超过 session.gc_maxlifetime 后仍然有效。

二、session.gc_maxlifetime,session.gc_probability,session.gc_divisor

session.gc_maxlifetime = 30 表示当 session 文件在 30 s 后没有被访问，则视为过期 Session，等待 GC 回收。

GC 进程调用的概率是通过 session.gc_probability/session.gc_divisor 计算得来的，而 session.gc_divisor 默认是 1000，如果 session.gc_probability = 1000，那么 GC 进程在每次执行 session_start() 时都会调用，执行回收。

通过把 session.gc_probability/session.gc_divisor 的值提高来提高调用 GC 的概率会有一定的帮助，但会对性能造成严重影响。

三、严格控制 session 过期方法

（1）使用 memcache/redis 来保存 session，设置过期时间，因为 memcache/redis 的回收机制不是按概率的，可以确保 session 过期后失效。

（2）只使用 PHP 实现，创建一个 session 类，在 session 写入时，把过期时间也写入。读取时，根据过期时间判断是否已过期。代码如下：

```php
<?php
//Session 控制类
class Session{
```

```php
//设置 session
//@param String $name   session name
//@param Mixed $data    session data
//@param Int   $expire 超时时间(秒)

  public static function set($name, $data, $expire=600){
    $session_data = array();
    $session_data['data'] = $data;
    $session_data['expire'] = time()+$expire;
    $_SESSION[$name] = $session_data;
  }


  //读取 session
  // @param String $name session name
// @return Mixed

  public static function get($name){
    if(isset($_SESSION[$name])){
      if($_SESSION[$name]['expire']>time()){
        return $_SESSION[$name]['data'];
      }else{
        self::clear($name);
      }
    }
    return false;
  }


  //清除 session
  //@param String $name session name
  private static function clear($name){
    unset($_SESSION[$name]);
  }
}
?>
    <?php
session_start();
$data = '123456';
session::set('test', $data, 10);
echo session::get('test'); // 未过期，输出
sleep(10);
```

```php
echo session::get('test'); // 已过期
?>
```

模块三 Session 高级应用

任务一 Session 临时文件管理

在服务器中，如果将所有用户的 Session 都保存到临时目录中，会降低服务器的安全性和效率，导致打开服务器存储的站点时会非常慢。在 Windows 上 PHP 默认的 Session 服务端文件存放在 C:\WINDOWS\Temp 下，如果说并发访问很大或者 session 建立太多，目录下就会存在大量类似 sess_xxxxxx 的 session 文件，同一个目录下文件数过多会导致性能下降，并且可能导致受到攻击最终出现文件系统错误。针对这样的情况，PHP 本身体提供了比较好的解决办法，通过使用函数 session_save_path() 可以解决这个问题。

使用 PHP 函数 session_save_path() 存储 session 临时文件，可以缓解因临时文件的存储导致服务器效率降低和站点打开缓慢的问题，其实例代码如下所示：

```php
<?php
$path = './tmp/';        //设置 session 存储路径
session_save_path($path);
session_start();
$_SESSION['username'] = true;
?>
```

注意：session_save_path()函数应在 session_start()函数之前调用。

任务二 Session 缓存

session 缓存是将网页中的内容临时存储到客户端的 Temporary Internet Files 文件夹下，并且可以设置缓存时间。当第一次浏览网页后，页面的部分内容在规定的时间内就被临时存储在客户端的临时文件夹中，这样在下次访问这个页面的时候，就可以直接读取缓存中的内容，从而提高网站的浏览效率。

Session 缓存的作用如下：

（1）减少访问数据库的频率。应用程序从缓存中读取持久化对象的速度显然优于从数据库中检索数据的速度。

（2）当缓存中的持久化对象之间存在循环关联关系时，Session 会保证不出现访问对象的死循环，以及由死循环引发的 JVM 堆栈溢出。

（3）保证数据库中的相关记录与缓存中的记录同步。Session 在清理缓存时，会自动进行脏数据检查(dirty-check)，如果发现 Session 缓存中的对象与数据库中相应记录不一致，则会按最新的对象属性更新数据库。

session 缓存使用的是 session_cache_limiter()函数，其语法格式如下：

session_cache_limiter(cache_limiter);

参数 cache_limiter 为 public 或者 private。同时 session 缓存并不是指在服务器端缓存，而是在客户端缓存，在服务器中没有显示。

缓存时间的设置，使用的是 session_cache_expire()函数，其语法格式如下：

session_cache_expire(new_cache_expire);

参数 new_cache_expire 是 session 缓存的时间，单位为分钟。

注意：这两个 session 缓存函数必须在 session_start()函数之前调用，否则会出错。

下面通过实例了解 session 缓存页面过程，实例的代码如下所示：

```php
<?php
session_cache_limiter('private');
$cache_limit = session_cache_limiter();       //开启客户端缓存
session_cache_expire(30);
$cache_expire = session_cache_expire();        //设定客户端缓存时间
session_start();
?>
```

任务三　Session 数据库存储

将 Session 数据变量存储于服务器端是一种较安全的做法，但是设想一下，像新浪网这样的日访问量过亿，并拥有几千万用户的大型网站，如果将所有用户 Session 数据全部存储于服务器端，将消耗巨大的服务器资源。所以，程序员在制作大型网站时将 Session 存储于服务器端虽然安全，但却不是最好的选择。如果将 Session 数据存储于数据库中，那么就可以在减轻服务器压力的同时保证数据也是比较安全的。

设计过程如下：

在 MySQL 数据库创建存储 Session 的表，表名为 t_session，表结构如图 11-5 所示。

#	名字	类型	整理	属性	空	默认	额外	操作
1	session_key	varchar(255)	utf8_general_ci		否	无		🖉 修改 ⊖ 删除 ▼ 更多
2	session_data	varchar(255)	utf8_general_ci		否	无		🖉 修改 ⊖ 删除 ▼ 更多
3	session_time	int(11)			否	无		🖉 修改 ⊖ 删除 ▼ 更多

图 11-5　t_session 表结构

session_key：用来存储会话 ID。

session_data：用来存储经序列化后的$_SESSION[]里的值。

session_time：用来存时间戳，这个时间戳指的是当前 session 在创建时的 time()+session 的有效期。需要注意的是，这里的 session_time 的类型是 int，这样可以在操作数据库时，进行大小比较。

那么什么是序列化呢？

序列化 (Serialization)就是将对象的状态信息转换为可以存储或传输的形式的过程。在序列化期间，对象将其当前状态写入到临时或持久性存储区。以后可以通过从存储区中读取或反序列化对象的状态，重新创建该对象。

比如说创建 Session 对象：

$_SESSION["user"]="张三"

$_SESSION["pwd"]="zhangsan"

序列话后成为一个字符串：

user|s:6:"张三";pwd|s:8:"zhangsan";

其中，s 表示类型为 string，数字表示字符串长度，这样就可以对这个字符串操作了。

session.save_handler 定义存储和获取与会话关联的数据的处理器的名字。默认为 files。如果设定为 files(session.save_handler = files)，则采用的是 PHP 内置机制，如果想自定义存储方式（比如存储到数据库中），则使用 session_set_save_handler()进行自定义设置。这里说的则是第二种。

所以我们得修改 php.ini 文件里 session.save handler 的值，将其修改为 user，如图 11-6 所示。

```
[Session]
; Handler used to store/retrieve data.
; http://php.net/session.save-handler
session.save handler = user
```

图 11-6　修改 session.save handler 的值

对于函数 session_set_save_handler()，其语法格式如下：

bool session_set_save_handler (callable open , callable close , callable read , callable write , callable destroy , callable gc [, callable $create_sid [, callable validate_sid [, callable update_timestamp]]])

这是一个很特殊的函数，因为一般的函数的参数都是变量，但是该函数的参数为 6 个函数（后面的 3 个参数为可选参数，可忽略），下面分别进行介绍。

第 1 个参数：open(save_path,session_name)，这里面的两个参数是 PHP 自动传递的。save_path 在 session.save_handler = files 的情况下就是 session.save_path，session_name 则是服务器用来识别客户端的会话 ID，但是如果是用户自定义的话，这两个参数都用不上，只在其中连接数据库，open 回调函数类似于类的构造函数，在会话打开的时候会被调用。这是自动开始会话或者通过调用 session_start() 手动开始会话之后第一个被调用的回调函数。此回调函数操作成功返回 true，失败返回 false。

第 2 个参数：close()，这个函数不需要参数，用来关闭数据库。close 回调函数类似于类的析构函数，在 write 回调函数调用之后调用。当调用 session_write_close() 函数之后，也会调用 close 回调函数。此回调函数操作成功返回 true，失败返回 false。

第 3 个参数：read($key)，这里面的参数是会话 ID，PHP 自动传递的，传递的前提是有会话 ID，若无，则这个参数返回空字符串。注意，若数据库中无对应的数据一定要返回空字符串，否则会报错。如果会话中有数据，read 回调函数必须返回将会话数据编码（序列化）后的字符串（在此处就是从表 t_session 里取出的 session_data）。在自动开始会话或者通过调用 session_start()函数手动开始会话之后，PHP 内部调用 read 回调函数来获取会话数据。在调用 read 之前，PHP 会调用 open 回调函数。read 回调返回的序列化之后的字符串格式必须与 write 回调函数保存数据时的格式完全一致。PHP 会自动返回序列化返回的字符串并填充 $_SESSION 超级全局变量。

第 4 个参数：write($key,$data)，该函数里的两个参数也是 PHP 自动传递给这个函数的，$key 对应会话 ID，$data 对应当前（因为 write 函数一般是在脚本执行结束后才被调用的）脚本被序列化处理器处理的 session 变量（如前文提到的$_SESSION["user"]="张三"$_SESSION["pwd"]="zhangsan"），序列化会话数据的过程由 PHP 根据 session.serialize_handler 设定值来完成，序列化后的数据将和会话 ID 关联在一起进行保存。当调用 read 回调函数获取数据时，所返回的数据必须要和 传入 write 回调函数的数据完全保持一致。PHP 会在脚本执行完毕或调用 session_write_close() 函数之后调用此回调函数。注意，在调用完此回调函数之后，PHP 内部会调用 close 回调函数。

注意：PHP 会在输出流写入完毕并且关闭之后才调用 write 回调函数，所以在 write 回调函数中的调试信息不会输出到浏览器中。如果需要在 write 回调函数中使用调试输出，建议将调试输出写入到文件。

第 5 个参数：destroy($key)，当调用 session_destroy() 函数，或者调用 session_regenerate_id() 函数并且设置 destroy 参数为 true 时，会调用此回调函数。该函数用来注销 Session 对应的 Session 键值，此回调函数操作成功返回 true，反之返回 false。该函数是用户在点击注销登录的时候用到的函数。请注意案例代码提到的小细节。

第 6 个参数：gc(expire_time),这个函数的参数在默认机制下就是 session.gc_maxlifetime 设置的 Session 有效时间。但是，user 机制下 Session 的过期时间就是表里的 session_time,所以这里不需要传递参数。为了清理会话中的旧数据，PHP 会不时地调用垃圾收集回调函数。调用周期由 session.gc_probability 和 session.gc_divisor 参数控制。此回调函数操作成功返回 true，反之返回 false。

至此 6 个函数已经介绍完了，但是其中有许多需要进行说明：

（1）在 open 函数中本来是要传递 save_path，目的是用来在这个路径下找到与 session_name 相对应的文件，然后通过 read()函数来读取其中的数据，然后通过反序列化处理器将取到的字符串反序列化，再通过 PHP 自动填充各个$_session 超全局变量，或者通过 write 函数将序列化的数据存入这个路径下的文件。当在非默认机制下，调试输出 session_save_path，其结果为空值，而且如果未设置存储的路径，那被填充的$_session 变量也只能在当前页面使用，而不能在别的页面使用，可以这样测试：在另一个页面利用 session_start()函数打开会话，然后输出 session_id 和 var_dump($_session)，得到的是上一次浏览时服务器给客户端的 session_id,但是$_session 输出的是空数组。也就是说在自定义会话存储机制的时候，是不需要自定义路径的。

为了在其他页面也能读取到$_session[]里面的值，引入这个函数，即将 6 个回调函数和 session_set_save_handler 放入一个文件里，然后在 session_start()前用 include()引入。

（2）对这些函数的执行顺序，首先 session_start()函数打开 session 操作句柄，然后通过 read 函数读取数据，当脚本执行结束的时候再执行 write 函数，最后是调用 close 函数，若有 session_destroy()则执行完毕。

（3）前面提到过，PHP 会在输出流写入完毕并且关闭之后才调用 write 回调函数。

注意：register_shutdown_function()是指在执行完所有 PHP 语句后才调用的函数，不要理解成客户端关闭流浏览器页面时的调用函数。

可以这样理解调用条件：

（1）当页面被用户强制停止时。

（2）当程序代码运行超时时。

（3）当 PHP 代码执行完成，代码执行存在异常和错误、警告时。

具体案例代码如下：

（1）index.php 用户登录页。

```php
<?php
    include("session_set_save_handler.php");//引入自定义的会话存储机制
if(isset($_GET["login"])){//判断 login 是否有值，若有值则要进行注销，
session_start();//只要需要用到 $_session 变量的地方，就需要开启回调函数 open
session_destroy();//这里就是前文提到的小细节了，当有 session_destroy 的时候，它是先于 read
回调函数执行的
    }else{
session_start();
    if(isset($_SESSION["user"])){//判断此值是否有定义，若有定义则说明存//入的 session 还
未到期，则直接转到主内容
    echo "<script>alert('您不久前刚来过);window.location.href='main.php';</script>";
    }}
    ?>
<html>
<meta charset="utf-8">
<body>
<form action="index_ok.php" method="post">
账      户:<input type="text" name="user"><br>
密      码:<input type="text" name="pwd">
<input type="submit" name="sub">
</form>
</body>
</html>
```

（2）index_ok.php 表单提交处理文件。

```php
<?php
include("session_set_save_handler.php");
session_start();
if($_POST["sub"]){//$_post["sub"]它若有值就是提交查询
echo $_POST["sub"];
if($_POST["user"]!=""&&$_POST["pwd"]!=""){
$_SESSION["user"]=$_POST["user"];
$_SESSION["pwd"]=$_POST["pwd"];//这里自定义的会话管理机制将会调用回调函数
//write，将已由序列化处理器处理好的（由$_session[]变量形成）字符串写入数据库
    echo "<script>alert('登录成功!');window.location.href='main.php';</script>";
    }
    }
    ?>
```

（3）main.php 主内容页。

```php
<?php
include("session_set_save_handler.php");
session_start();
if(isset($_SESSION["user"])){
echo "欢迎".$_SESSION["user"];
echo "<a href='index.php?login=0'>注销</a>";
}else{
echo "您还没登录，请先登录！";
echo "<a href='index.php'>登录</a>";
}
?>
```

（4）session_set_save_handler.php 自定义 session 存储机制函数文件

```php
<?php
//打开会话
function open(){
global $con;//使用全局变量
$con=mysqli_connect("localhost","root","123456","mysql")or die("数据库连接失败!");
mysqli_query($con,"set names utf8");
return(true);
}
//关闭数据库
function close(){
global $con;
mysqli_close($con);
return(true);
}//读取 session_data
function read($key){
global $con;
$time=time();
//不读取已过期的 session
$sql="select session_data from t_session where session_key='$key' and session_time>$time";
$result=mysqli_query($con,$sql)or die("查询失败!");
if (!$result) {//用来检查出现再数据库部分的错误，很有用
printf("Error: %s\n", mysqli_error($con));//%s 表示的是字符串，这是 C 里面的
exit();
}
$row=mysqli_fetch_array($result);//or die()会终止后面的程序！
if($row!=false){
```

```
return($row["session_data"]);
}else{
return "";//再次强调如果空值，则一定要返回""而不是false
}}//存储session
function write($key,$data){
global $con;
$over_time=time()+60; //注意time()为时间戳，在MySQL中的数据类型不可用date，
//datetime，timestamp来存储
$sql="select session_data from t_session where session_key='$key'";
$re=mysqli_query($con,$sql);
$result=mysqli_fetch_array($re);
//若$result为false，即结果为空，说明数据库中未存有相应的session_id，那么就插入，
//如果不为空，那即使还有未过期的session_id，这时应更新
if($result==false){
$sql="insert into t_session(session_key,session_data,session_time) values('$key','$data',
$over_time)";//字符串的时候要加单引号，数字的时候是不用加的
$result=mysqli_query($con,$sql);
if (!$result) {//用来检查出现在数据库部分的错误，很有用
printf("Error: %s\n", mysqli_error($con));//%s表示的是字符串，这是c里面的
exit();
}
}else{
$sql="update t_session set session_key='$key',session_data='$data',session_time=$over_time
where session_key='$key'";
$result=mysqli_query($con,$sql);
}
return($result);
}
清楚相应的session数据
function destroy($key){
global $con;
$sql="delete from t_session where session_key='$key'";
$result=mysqli_query($con,$sql);
return($result);
}
//执行垃圾回收
function overdue($expire_time){//这个参数是自动传进去的，就是session.gc_maxlifetime
//最大有效时间，例如1 440s;
global $con;
```

```
$time=time();
$sql="delete from t_session where session_time<$time";
$result=mysqli_query($sql);
return($result);
}
session_set_save_handler('open','close','read','write','destroy','overdue');
?>
```

模块四　综合案例

在 Web 应用开发中，经常需要实现用户登录的功能。假设有一个名为"username"的用户，当该用户进入网站首页时，系统应实现如下功能：

如果还未登录，则页面会提示登录并且自动跳转，进入登录界面。

当用户登录时，如果用户名和密码都正确，则登录成功，否则提示登录失败。

登录成功后，还可以点击"注销"，回到首页，显示用户未登录时的界面。

为了实现上述需求，整个程序定义了 1 个 HTML 文件和 3 个 PHP 文件，具体分析如下：

login.html：用于显示用户登录的界面。在该文件的 form 表单中，有两个文本输入框，分别用于填写用户名和密码，还有一个"登录"按钮。

login.php：该文件用于判断用户的登录条件，并显示网站的首界面。如果用户没有登录，那么首界面需要提示用户登录，否则，显示用户已经登录的信息。为了判断用户是否登录，该类在实现时，需要获取并保存用户信息的 Session 对象。

index.php：该文件用于显示用户登录成功后跳转到的首界面，同时，该页面还提供了一个"注销"按钮，用于注销用户登录。

logout.php：用于完成用户注销功能。当用户点击"注销"时，Session 中的信息会被移除，并跳转到网站的首界面。

为了更直观了解用户登录的流程，画出用户登录流程图，如图 11-7 所示。

图 11-7 描述了用户登录的整个流程，当用户访问某个网站的首界面时，首先会判断用户是否登录，如果已经登录则在首界面中显示用户登录信息，否则进入登录页面，完成用户登录功能，然后显示用户登录信息。

在用户登录的情况下，如果点击用户登录界面中的"注销"时，就会注销当前用户的信息，返回首界面。

用户登录案例需求分析完毕后，接下来针对上述需求，分步骤实现用户登录的功能。

（1）编写用户登录的 HTML 表单文件 login.html。

```
<form method="post" action="login.php">
    用户名：<input type="text" name="user">
    密　码：<input type="password" name="pwd">
    <input type="submit" value="登录">
</form>
```

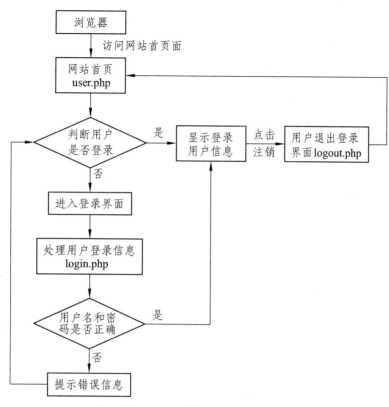

图 11-7 用户登录的流程图

（2）编写 login.php 页面。

```php
<?php
session_start();
if ($_POST) {
    // 接收用户登录的信息
    $user = isset($_POST['user']) ? trim($_POST['user']) : '';
    $pwd = isset($_POST['pwd']) ? trim($_POST['pwd']) : '';
    // 保存正确的用户名和密码信息
    $data = ['user' => 'Tom', 'pwd' => 123456];
    // 判断用户信息是否正确
    if (($user == $data['user']) && ($pwd == $data['pwd'])) {
        // 保存登录信息到 Session，并跳转到首页
        $_SESSION['user'] = $data['user'];
        header('Location: index.php');
        exit;
    } else {
        echo '用户名或密码输入不正确，登录失败。';
    }
}
```

```php
require './login.html';
```

（3）编写用户首页 index.php 页面。

```php
<?php
session_start();
if (isset($_SESSION['user'])) {
    echo '当前登录用户：' . $_SESSION['user'] . '。';     // 用户已登录
    echo '<a href="logout.php">退出 <a>';
} else {
    header('Location: login.html');                      // 用户未登录，跳转到登录页面
    exit;
}
```

（4）编写 logout.php 页面。

```php
<?php
session_start();
$_SESSION['user'] = [];                   // 删除所有数据
session_destroy();                        // 结束当前会话
header("Location:login.html");            // 用户未登录，跳转到登录页面
```

（5）编写 xss.php 开启 HttpOnly，完成防御 XSS 攻击的配置。

```php
<?php
// 开启 HttpOnly，完成防御 XSS 攻击的配置
//ini_set('session.cookie_httponly', 1);
session_start();
$xss = '" onclick="alert(document.cookie)';
echo '<input type="text" value="' . $xss . '">';
```

本项目首先介绍了 Cookie 基本概念、Cookie 的创建、读取和删除，然后介绍了 Session 的概念、Session 的启动、读取和删除，最后分别将 Cookie 和 Session 应用到实际开发中，从而加强对它们的认识和理解。

通过本项目的学习，应该熟悉会话机制的相关概念，重点掌握 Cookie 和 Sesion 的使用、运行机制及它们之间的区别。这需要读者在 Web 开发的实践过程中不断练习、思考和总结。

项目练习题

一、选择题

1. 第一次创建 Cookie 时服务器会在响应消息中增加（　　　）头字段，并将信息发送给浏览器。

    A. SetCookie   B. Cookie

    C. Set-Cookie   D. 以上答案都不对

2. 下面配置项中，可以实现自动开启 session 的是（　　　）。

A. session_auto

B. session_start

C..session_auto_start

D. session.auto_start

二、填空题

1. 通过 Javascript 代码来盗取网站用户 cookie 的方式，称为_____。

2. 函数 setcookie（"data", "php", time()+1800）表示 Cookie 在_____秒后过期。

三、判断题

1. 会话技术可以实现跟踪和记录用户在网站中的活动。（   ）

2. $_COOKIE 可以完成添加、读取或修改 Cookie 中的数据。（   ）

3. 在 PHP 中，只能通过函数 session_starto 启动 Session。（   ）

4. session_destroy()函数可以同时删除 Session 数据和文件。（   ）

5. Cookie 的有效范围在默认情况下是整站有效。（   ）

参考文献

[1] 黑马程序员. PHP 基础案例教程[M]. 北京：人民邮电出版社，2018.

[2] w3school 网上学习平台. https://www.w3school.com.cn/.

[3] PHP 开发参考手册. https://www.php.cn/.

[4] 传智播客高教产品研发部. PHP 程序设计基础教程[M]. 北京：中国铁道出版社，2014.